职业技能培训教材

◎ 张立平 主编

焊工

中国农业科学技术出版社

图书在版编目（CIP）数据

焊工／张立平主编.—北京：中国农业科学技术出版社，
2016.5

ISBN 978-7-5116-2544-1

Ⅰ.①焊…　Ⅱ.①张…　Ⅲ.①焊接-技术培训-教材
Ⅳ.①TG4

中国版本图书馆 CIP 数据核字（2016）第 050880 号

责任编辑	徐　毅
责任校对	李向荣

出 版 者	中国农业科学技术出版社
	北京市中关村南大街 12 号　邮编：100081
电　　话	(010)82106631(编辑室)　　(010)82109702(发行部)
	(010)82109709(读者服务部)
传　　真	(010)82106631
网　　址	http://www.castp.cn
经 销 者	各地新华书店
印 刷 者	北京市通县华龙印刷厂
开　　本	850mm×1168mm　1/32
印　　张	5.625
字　　数	135 千字
版　　次	2016 年 5 月第 1 版　2016 年 5 月第 2 次印刷
定　　价	15.80 元

前　言

目前，我国不仅需要有文凭的知识型人才，更需要有操作技能的技术型人才。如家政服务员、计算机操作员、厨师、物流师、电工、焊工等，这些人员都是有一技之长的劳动者，也是当前社会最为缺乏的一类人才。为了帮助就业者在最短的时间内掌握一门技能，达到上岗要求，全国各地陆续开设了职业技能短期培训课程。作者以此为契机，结合职业技能短期培训的特点，以有用实用为基本原则，并依据相应职业的国家职业标准和岗位要求，组织有关技术人员编写了职业技能短期培训系列教材。

本书为《焊工》，主要具有如下特点。

第一，短。教材适合短期培训，在较短的时间内，让学员掌握一种技能，从而实现就业。

第二，薄。教材厚度薄。教材中只讲述必要的知识和技能，不详细介绍有关的理论，避免多而全，强调有用和实用，从而将最有效的技能传授给学员。

第三，易。文字简练，深入浅出，并配发了翔实的图片，清晰地传递必备知识和基本技能，对于短期培训学员来说，容易理解和掌握，具有较高的实用性和可读性。

相信通过本书的阅读和学习，对电焊工作会有一个全新的认识和专业能力的提高。

本书适合于相关职业学校、职业培训机构在开展职业技能短期培训时使用，也可供电气焊工作相关人员参考阅读。

由于编写时间仓促和编者水平有限，书中难免存在不足之处，欢迎广大读者提出宝贵建议，以便再版时修订。

作 者

2016 年 1 月

目　　录

第一章　焊接基本知识

第一节　认识焊接

一、焊接的定义

焊接是指通过适当的物理化学过程（加热、加压或两者并用）使两个分离的固态物体产生原子（分子）间结合力而连接成一体的连接方法。被连接的两个物体可以是各种同类或不同类的金属、非金属（石墨、陶瓷、玻璃、塑料等），也可以是一种金属与一种非金属。

早期的焊接，是把两块熟铁（钢）加热到红热状态以后用锻打的方法连接在一起的锻接；用火烙铁加热低熔点铅锡合金的软钎焊，已经有几百年甚至更长的应用历史。现代焊接方法的发展是以电弧焊和压力焊为起点的。电弧作为一种气体导电的物理现象，是在 19 世纪初被发现的，但只是到 19 世纪末电力生产得到发展以后，人们才有条件研究电弧的实际应用。

二、焊接的特点

1. 焊接的优点
（1）节省金属材料、减轻结构重量，且经济效益好。
（2）简化加工与装配工序，生产周期短，生产效率高。
（3）结构强度高，接头密封性好。

（4）为结构设计提供较大的灵活性。

（5）用拼焊的方法可以大大突破铸锻能力的限制。

（6）焊接工艺过程易实现机械化和自动化。

2．焊接的缺点

（1）用焊接方法加工的结构易产生较大的焊接变形和焊接残余应力，从而影响结构的承载能力、加工精度和尺寸稳定性，同时，在焊缝与焊件交界处还会产生应力集中，对结构的疲劳断裂有较大的影响。

（2）焊接接头中存在着一定数量的缺陷，如裂纹、气孔、夹渣、未焊透、未熔合等。这些缺陷的存在会降低强度，引起应力集中，损坏焊缝致密性，这是造成焊接结构破坏的主要原因之一。

（3）焊接接头具有较大的性能不均匀性，由于焊缝的成分及金相组织与母材不同，接头各部位经历的热循环不同，使接头不同区域的性能不同。

（4）焊接生产过程中产生高温、强光及一些有毒气体，对人体有一定损害，因此，要加强焊接操作人员的劳动保护。

三、焊接的分类

按照焊缝金属结合的性质，基本的焊接方法通常分为三大类。

1．熔化焊接

使被连接的构件表面局部加热熔化成液体，然后冷却结晶成一体的方法称为熔化焊接。为了实现熔化焊接，关键是要有一个能量集中、温度足够高的加热热源。按热源形式的不同，熔化焊接基本方法分为：气焊（以氧乙炔或其他可燃气体燃烧火焰为热源）；铝热焊（以铝热剂放热反应热为热源）；电弧焊（以气体导电时产生的热为热源）；电渣焊（以熔渣导电时的电阻热为热源）；电子束焊（以高速运动的电子束流为热源）；激光焊（以单色光子束流为热源）等若干种。

其中，电弧焊按照采用的电极，又分为熔化极和非熔化极两类，熔化极电弧焊是利用金属焊丝（焊条）作电极同时熔化填充焊缝的电弧焊方法，它包括焊条电弧焊、埋弧焊、熔化极氩弧焊、CO_2 电弧焊等方法；非熔化极电弧焊是利用不熔化电极（如钨棒）进行焊接的电弧焊方法，它包括钨极氩弧焊、等离子弧焊等方法。

2. 压力焊接

利用摩擦、扩散和加压等物理作用克服两个连接表面的不平度，除去（挤走）氧化膜及其他污染物，使两个连接表面上的原子相互接近到晶格距离，从而在固态条件下形成的连接统称为固相焊接。固相焊接时通常都必须加压，因此，通常这类加压的焊接方法称为压力焊接。为了使固相焊接容易实现，大都在加压同时伴随加热措施，但加热温度都远低于焊件的熔点。

常用的压焊方法有：电阻对焊、闪光对焊、点焊、缝焊、摩擦焊、超声波焊等。

3. 钎焊

利用某些熔点低于被连接构件材料熔点的熔化金属（钎料）作连接的媒介物在连接界面上的流散浸润作用，然后，冷却结晶形成结合面的方法称为钎焊。

常用的钎焊方法有：火焰钎焊、感应钎焊、炉中钎焊、盐浴钎焊、真空钎焊。

第二节　焊接安全技术与劳动保护

焊接安全生产非常重要。因为焊工在焊接时要与电、可燃及易爆气体、易燃液体、压力容器等接触，在焊接过程中还会产生一些有害气体、烟尘、电弧光的辐射、焊接热源的高温、高频磁场、噪声和射线等。有时还要在高处、水下、容器设备内部等特殊环境作业。如果焊工不熟悉有关的劳动保护知识，不遵守安全操作规程，就可能引起触电、灼伤、火灾、爆炸、中毒、窒息等事故，这不仅给国家财产造成损失，而且还直接影响焊工及其他工作人员的人身安全。

国家对焊工的安全健康非常重视。为了保证焊工的安全生产，国家颁布的《特种作业人员安全技术培训考核管理办法》及国家标准 GB5306《特种作业人员安全技术考核管理规则》中都明确规定：金属焊接（切割）作业是特种作业，直接从事特种作业者——焊工，是特种作业人员。特种作业人员必须进行专门的安全技术理论学习和实践操作训练，并经考试合格后，方可进行独立作业。只有经常对焊工进行安全技术与劳动保护的教育和培训，使其从思想上重视安全生产，明确安全生产的重要性，增强责任感，了解安全生产的规章制度，熟悉并掌握安全生产的有关措施，才能有效地避免和杜绝事故的发生。

一、焊接安全技术

1. 预防触电的安全技术

焊工在工作时必须注意防止触电。

（1）焊工要熟悉和掌握有关电的基本知识以及预防触电和触电后的急救方法等知识，严格遵守有关部门规定的安全措施，防止触电事故的发生。

（2）遇到焊工触电时，切不可用手去拉触电者，应先迅速切断电源。如果切断电源后触电者呈昏迷状态时，应立即对其实施人工呼吸，直至送到医院为止。

（3）在光线昏暗的场地或容器内操作或夜间工作时，使用的工作照明灯的安全电压不应大于36V，高空作业或特别潮湿的场所，其安全电压不得超过12V。

（4）焊工的工作服、手套、绝缘鞋应保持干燥。

（5）在潮湿的场地工作时，应用干燥的木板或橡胶板等绝缘物做垫板。

（6）焊工在拉合电源闸刀开关或接触带电物体时，必须单手进行。

2. 预防火灾和爆炸的安全技术

焊接时由于电弧及气体火焰的温度很高，而且在焊接过程中有大量的金属火花飞溅物，如稍有疏忽大意，就会引起火灾甚至爆炸。因此，焊工在工作时，为了防止火灾及爆炸事故的发生，必须采取下列安全措施。

（1）焊接前要认真检查工作场地周围是否有易燃易爆物品，如果有易燃易爆物品，应将这些物品移至距离工作地10m以外。

（2）在焊接作业时，应注意防止近视火花飞溅物而引起火灾。

（3）严禁设备在带压时焊接或切割，带压设备一定要先解除压力，并且焊割前必须打开所有孔盖。未卸压的设备严禁操作，常压而密闭的设备也不允许进行焊接或切割。

（4）凡被化学物质或油脂污染的设备都应清洗后再进行焊接或切割。如果是易燃易爆或者是有毒的污染物，更应彻底清洗，经有关部门检查，并填写动火证后，才能进行焊接或切割。

（5）在进入容器内工作时，焊接或切割工具应随焊工同时进出，严禁将焊接或切割工具放在容器内而焊工擅自离去，以防混合气体燃烧或爆炸。

（6）焊条头及焊后的焊件不能随便乱扔，要妥善管理，更不能扔在易燃易爆的物品附近，以免发生火灾。

（7）离开施焊现场时，应关闭气源、电源、熄灭火种。

3. 预防有害气体和烟尘中毒的安全技术

焊接时，焊工周围的空气常被一些有害气体及粉尘所污染，如氧化锰、氧化锌、氟化物、一氧化碳和金属蒸汽等。焊工长期呼吸这些烟尘和气体，对身体健康是不利的，甚至使焊工患上尘肺及锰中毒等，因此，应采取下列预防措施。

（1）焊接场地要有良好的通风。焊接区的通风是排出烟尘和有毒有害气体的有效措施，通风的方式有以下几种。

①全面机械通风：在车间内安装数台轴流式风机向外排风，使车间内经常更换新鲜空气。

②局部机械通风：在焊工工位安装小型通风机械，进行送风或排风。

③充分利用自然风：正确调节车间的侧窗和天窗，加强自然通风。

（2）合理组织劳动布局，避免多名焊工拥挤在一起操作。

（3）尽量扩大埋弧自动焊的适用范围，以代替焊条电弧焊。

（4）做好个人防护工作，减少烟尘等对人体的侵害，目前，多采用静电防尘口罩。

4. 预防弧光辐射的安全技术

弧光辐射主要包括可见光、红外线、紫外线3种辐射。过强的可见光耀眼眩目；眼睛收到红外线辐射，会感到强烈的灼伤和灼痛，发生闪光幻觉；紫外线对眼睛和皮肤有较大的刺激性，它能引起电光性眼炎。其症状是眼睛疼痛、有沙粒感、多泪、畏光、怕吹风等，但治愈后不会有任何后遗症。皮肤受到紫外线照射时，先是痒、发红、触痛，以后会变黑、脱皮。如果工作时注意防护，以上症状是不会发生的。因此，焊工应采取下列措施预防弧光辐射。

（1）焊工必须使用有电焊防护玻璃的面罩。

（2）面罩应轻便、成形合适、耐热、不导电、不导热、不漏光。

（3）焊工工作时，应穿白色帆布工作服，以防止弧光灼伤皮肤。

（4）操作引弧时，焊工应注意周围工人，以免强烈弧光灼伤他人眼睛。

（5）在厂房内和人多的区域进行焊接时，尽可能使用防护屏，避免周围人受到弧光伤害。

（6）重力焊或装配定位焊时，要特别注意弧光的伤害，因此，要求焊工或装配工佩戴放光眼镜。

5. 特殊环境焊接的安全技术

所谓特殊环境焊接，是指在一般工业企业正规厂房以外的地方，例如，在高空、野外、容器内部等进行的焊接。在这些地方焊接时，除遵守上面介绍的一般安全技术以外，还要遵守一些特殊的规定。

（1）高处焊接作业。焊工在局里基准面 2m 以上（包括 2m）有可能坠落的高处进行焊接作业称为高处（登高）焊接作业。

①患有高血压、心脏病等疾病与酒后人员，不得进行高处焊接作业。

②高处焊接作业时，焊工应系安全带，地面应有人监护。

③在高处焊接作业时，登高工具要安全、牢固、可靠，焊接电缆线等应扎紧在固定的地方，不能缠绕在身上或搭在背上工作。不能用可燃物做固定脚手架、焊接电缆线和气割用气管的材料。

④乙炔瓶、氧气瓶、焊机等焊接设备器具应尽量留在地面。

⑤雨天、雪天、雾天或刮大风时，禁止高处作业。

（2）容器内焊接作业。

①进入容器内部前，应先弄清容器内部情况。

②把该容器与外界联系的部位，都要进行隔离和切断，如电源和附带在设备上的水管、料管、蒸汽管、压力管等均要切断并

挂牌。如容器内有污染物，应进行清洗并经检查确认无危险后，才能进入内部进行焊接。

③进入容器内部焊接要实行监护制，派专人进行监护。监护人不能随便离开现场，并与容器内部的人员经常取得联系。

④在容器内部焊接时，内部尺寸不应过小，还应注意通风排气工作。通风应用压缩空气，严禁使用氧气作为通风。

⑤在容器内部作业时，要做好绝缘防护工作，最好垫上绝缘垫，以防触电等事故的发生。

（3）露天或野外作业。

①夏季在露天或野外作业时，必须有防风雨棚或临时凉棚。

②露天作业时应注意风向，不要让吹散的铁液及焊渣伤人。

③雨天、雪天或雾天时，不准露天作业。

④夏季进行露天气焊、气割时，应防止氧气瓶、乙炔瓶直接受烈日暴晒，以免气体膨胀发生爆炸。冬季如遇瓶阀或减压器冻结时，应用热水解冻，严禁火烤。

二、焊接劳动保护

所谓劳动保护是指为保障职工在生产劳动过程中的安全和健康所采取的措施。如果在焊接过程中不注意安全生产和劳动保护，就有可能引起爆炸、火灾、灼烫、触电、中毒等事故，甚至可能使焊工患上尘肺、电光性眼炎、慢性中毒等职业病。因此，在焊接生产过程中，必须重视焊接劳动保护。加强焊接劳动保护的措施很多，应主要从两方面来控制：一是从研究和采用安全卫生性能较好的焊接技术及提高焊接机械化、自动化程度方面着手；二是加强焊工的个人防护。

1. 采用安全卫生性能较好的焊接技术及提高焊接机械化、自动化水平

要不断改进、更新焊接技术、焊接工艺，研制低毒、低尘的

焊接材料。采取适当的工艺措施减少和消除可能引起事故和职业病的因素。采用安全卫生性能较好的焊接方法，或以机器人代替焊条电弧焊等手工操作技术。提高焊接机械化、自动化程度，也是全面改善安全卫生条件的主要措施之一。

2. 加强焊工的个人防护

在焊接过程中加强焊工的自我防护也是加强焊接劳动保护的主要措施。焊工的个人防护主要有使用防护用品和搞好卫生保健等方面。

（1）使用个人防护用品。焊接作业时的防护用品种类很多，有防护面罩、头盔、防护眼镜、安全帽、防噪声塞、耳罩、工作服、手套、绝缘鞋、安全带、防尘口罩、防毒面罩等。在焊接生产过程中，必须根据具体焊接要求加以正确选用。

（2）搞好卫生保健工作。焊工应进行从业前的体检和每两年一度的定期体检。应设有焊接作业人员的更衣室和休息室；作业后要及时洗手、洗脸，并经常清洗工作服及手套等。

总之，为了杜绝和减少焊接作业中事故和职业危害的发生，必须科学地、认真地搞好焊接劳动保护工作，加强焊接作业时安全技术和生产管理，使焊接作业人员可以在一个安全、卫生、舒适的环境中工作。

第三节　常用焊接材料

焊接材料是焊接时所消耗材料的通称，包括焊条、焊丝、焊剂、气体、熔剂、钎剂及焊料等。焊接材料质量的优劣，不仅直接影响焊接过程的稳定，影响焊缝与接头的质量和性能，同时也影响焊接效率。

一、焊条

焊条是涂有药皮的供手弧焊用的熔化电极。它一方面起传导电流并引燃电弧的作用；另一方面作为填充金属与熔化的母材结合形成焊缝。因此，全面正确地了解和选用焊条，是获得优质焊缝的重要保证。对电焊条的基本要求是：要求焊条所熔敷的焊缝金属应具有良好的力学性能，抗裂性能。具有一定的化学成分，以满足接头的特殊性能要求；在正常焊接参数下使用，应达到焊缝无气孔、无夹渣、无裂纹等缺陷；具有良好的焊接工艺性能，如引弧容易、燃烧稳定。对焊接电源的适应性强，焊缝成形好、脱渣容易等；药皮应具有一定的强度，搬运过程中不易脱落，药皮吸潮性小、同心度要好。药皮与焊芯应均匀并基本同时熔化，药皮不成块脱落。药皮熔化形成的熔渣流动性、黏度等要适宜；以均匀覆盖熔化金属，起到渣保护作用。

（一）焊条的组成

焊条由焊芯和药皮两部分组成，焊条的两端分别称为引弧端和夹持端。

1. 焊芯

焊芯是指焊条中被药皮包覆的金属芯。焊芯的作用主要是传导电流、引燃电弧、过渡合金元素。焊条电弧焊时，焊芯作为填充金属占整个焊缝金属的 50%～70%。所以，焊芯的化学成分直接影响熔敷金属的成分和性能，因此，应尽量控制减少有害元素的含量。所以用于焊芯的钢丝都是经特殊冶炼的焊接材料专用钢，均为高级优质钢或特级优质钢。高级优质钢的杂质 S 和 P 含量均控制在 0.030% 以下（质量分数），特级优质钢控制在 0.020% 以下（质量分数）。并且单独规定了它们的牌号和成分，这种焊接钢丝称为焊丝。一些低合金高强钢焊条，为了从焊芯过渡合金元素以提高焊缝金属质量，而采用含有各种特定成分的焊芯。常用的低碳钢及低合金高强钢焊条焊芯主要采用 GB/T 3429《焊接用钢盘条》经拉拔制成。

通常所说的焊条直径是指焊芯的直径。结构钢焊条直径从 Φ1.6～6mm，共有 7 种规格。生产上应用最多的是 Φ3.2mm、Φ4.0mm、Φ5.0mm3 种规格。

焊条长度是指焊芯的长度，一般均在 200～550mm。

2. 药皮

焊条上压涂在焊芯表面上的涂料层称为药皮。涂料是指在焊条制造过程中，由各种粉料和黏结剂按一定比例配制的药皮原料。

（1）药皮的作用。焊条药皮在焊接过程中起着极其重要的作用，主要内容如下。

①机械保护作用：利用药皮熔化放出的气体和形成的熔渣，起机械隔离空气的作用，防止有害气体氧、氮侵入熔化金属。

②冶金处理作用：通过熔渣与熔化金属的冶金反应，进行脱氧、去氢、除硫除磷等有害杂质，添加有益的合金元素，使焊缝获得合乎要求的化学成分和力学性能。

③改善焊接工艺性能：促使电弧容易引燃和稳定燃烧，减少飞溅，利于焊缝成形，提高熔敷效率。

（2）药皮的组成。焊条药皮的组成相当复杂，一种焊条药皮配方中，原料可达上百种，主要分为矿物类、钛合金及金属粉、有机物和化工产品四类。根据药皮组成物在焊接过程中所起的作用，可将它们分为如下 7 类。

①造气剂：主要作用是形成保护气氛，以隔绝空气。常采用有机物和碳酸盐矿物质，有机物有淀粉、木粉纤维素、树脂等；碳酸盐有大理石、白云石、菱苦土等。

②造渣剂：主要作用是在熔化后形成具有一定物理化学性能的熔渣，覆盖在熔池和焊缝金属表面，起机械保护和冶金处理作

用。主要有大理石、钛铁矿、金红石、赤铁矿、长石、白泥、云母、萤石等。

③脱氧剂：主要作用是使焊缝金属脱氧，以提高其力学性能。常用锰铁、硅铁、钛铁、铝粉、镁粉、铝镁合金、稀土合金及石墨等。

④合金剂：用来过渡有益的合金元素或补偿在焊接过程中合金元素的烧损，以保证焊缝获得必要的化学成分及力学性能及某些特殊性能，如耐蚀、耐磨等。根据需要可选用各种铁合金，如锰铁、硅铁、钼铁、钛铁和金属粉末，如金属锰、铬、镍粉、钨粉等。

⑤稳弧剂：为使焊条引弧容易，并保持电弧燃烧稳定。加入一些含有低电离电位元素的物质，如金红石、钛白粉、钾长石、水玻璃、铝镁合金和碳酸钾等。

⑥增塑剂：为改善焊条的压涂性能，加入一些具有一定塑性、滑性及流动性的材料以提高焊条的压涂质量，并减少偏心度，有利于成形。常用的有白泥、云母、木粉、微晶纤维素、钛白粉、碳酸钠等。

⑦黏结剂：用以将涂料牢固的黏结在焊芯周围，常用的黏结剂是水玻璃（钾、钠水玻璃、锂水玻璃）。

（3）药皮类型。根据药皮主要组成物的不同，目前，国产焊条的药皮可分为以下8种类型。

氧化钛型、钛钙型、钛铁矿型、氧化铁型、纤维素型、低氢型、石墨型、盐基型。

（二）焊条的分类

焊条的分类方法很多，可以从不同的角度对焊条进行分类。一般是根据用途、熔渣的酸碱性、性能特征或药皮类型等分类。

1. 按用途分

按用途可将焊条分为10类。

①低碳钢和低合金钢焊条：主要用于焊接低碳钢和低合金结构钢。

②钼和铬钼耐热钢焊条：主要用于焊接珠光体耐热钢。

③不锈钢焊条：主要用于焊接不锈钢和热强钢。

④堆焊焊条：用于堆焊以获得耐磨或耐蚀及红硬性堆焊层的焊条。

⑤低温钢焊条：用于各种低温条件下工作的结构焊接，其熔敷金属具有所要求的低温工作能力。

⑥铸铁焊条：用于铸铁焊补。

⑦镍及镍合金焊条：用于焊接镍及其合金，也可用于堆焊、焊补铸铁、异种金属焊接等。

⑧铜及铜合金焊条：用于焊接铜及其合金、异种金属、铸铁等。

⑨铝及铝合金焊条：用于焊接铝及其合金。

⑩特殊用途焊条：用于水下焊接或切割等用途的焊条。

2. 按熔渣的碱度分

在实际生产中通常按熔渣的碱度，将焊条分为酸性和碱性焊条（又称低氢型焊条）两类。焊接熔渣主要由各种氧化物、氟化物所组成。有的氧化物呈酸性，也称酸性氧化物，如 SiO_2、TiO_2 等。有的呈碱性即碱性氧化物，如 CaO、MgO、K_2O 等。当熔渣中酸性氧化物占主要比例时为酸性焊条，反之为碱性焊条。

（1）酸性焊条。药皮中含有较多氧化铁、氧化钛及氧化硅等酸性氧化物，其熔渣呈酸性，所以，氧化性较强，焊接过程中合金元素烧损较多。焊缝金属中氧和氢含量较高，所以，塑性、韧性较低。

但酸性焊条的工艺性较好，电弧稳定，飞溅小，可长弧操作，交、直流两用。熔渣流动性和覆盖性好，焊缝外形美观、焊波细密、平滑。对水、锈和油产生气孔的敏感性不大。焊接烟尘较少、毒性较小。

（2）碱性焊条。药皮成分中含有较多的大理石、氟石和较多的铁合金（如锰铁、钛铁和硅铁等），熔渣呈碱性。具有足够的脱氧、脱硫、脱磷能力，合金元素烧损较少。由于氟石的去氢作用，降低了焊缝含氢量。非金属夹杂物较少，焊缝具有良好的抗裂性能、力学性能。

由于药皮中含有难于电离的物质，电弧稳定性较差，只能直流反接使用，（当加入多量稳弧剂时，方可交、直流两用）。此外，熔渣覆盖性较差，焊皮粗糙、不平滑。飞溅颗粒较大，对水、锈、油产生气孔的敏感性较大，焊接烟尘较大、毒性也较大。

（3）按性能特征分。主要有低尘低毒焊条，超低氢焊条，立向下焊条，底层焊条，水下焊条，重力焊条及焊条等。

此外，按药皮类型和电源种类可将焊条分为 8 种类型。

（三）焊条的牌号和型号

焊条的牌号

我国的焊条牌号是根据焊条主要用途和性能特点来命名的，分十大类，并以汉字或拼音字母表示焊条各大类，其后为 3 位数字，前两位数字表示各大类中的若干小类，第三位数字表示各药皮类型及焊接电源种类。

应提出的是，用于铸铁焊补的某些镍及镍合金焊条，牌号列于铸铁焊条类别中；主要用于堆焊的某些不锈钢焊条编在堆焊焊条类型中。

（1）结构钢焊条（碳钢和低合金钢焊条）。牌号前加"J"（或"结"）字，表示结构钢焊条。牌号的第一、第二位数字，表示焊缝金属抗拉强度等级。第三位数字表示焊条药皮类型及电源种类。当药皮中加铁粉，名义熔敷效率大于等于 105% 时，在牌号末尾加注"Fe"字，药皮类型称铁粉××型。有特殊性能和用途的焊条，则在牌号后面加注起主要作用的元素或代表主要用途的符号。

（2）钼和铬钼耐热钢焊条。牌号前加"R"（或热）字，表示钼和铬钼耐热钢焊条。牌号第一位数字，表示焊缝金属主要化学成分等级，第二位数字表示同一焊缝金属主要化学成分组成等级中的不同牌号，对同一类型焊条有 10 个牌号，以 0，1……9 顺序排列。第三位数字表示药皮类型和电源种类。

（3）不锈钢焊条。牌号前加"G"（或铬）字表示铬不锈钢焊条："A"（或奥）字表示铬镍奥氏体不锈钢焊条。牌号第一位数字表示焊缝金属主要化学成分组成等级。牌号第二位数字表示同一焊缝金属主要化学成分组成等级中的天同牌号，对同一药皮类型焊条，可有 10 个牌号按 0，1，2……9 顺序排列。第三位数字表示药皮类型和电源种类。

（4）低温钢焊条。牌号前加"W"字，表示低温钢焊条。牌号第一、第二位数字，表示低温钢焊条工作温度等级。牌号第三位数字，表示药皮类型及焊接电源种类。

（5）铸铁焊条。牌号前加"Z"字，表示铸铁焊条。牌号第一位数字，表示焊缝金属主要化学成分组成类型。牌号第二位数字，表示同一焊缝金属主要化学成分组成类型中的不同牌号，对同一药皮类型焊条，可有 10 个牌号，按 0，1，2……9 顺序排列。牌号第三位数字，表示药皮类型及电源种类。

焊剂是具有一定粒度的颗粒状物质，是埋弧焊和电渣焊时不可缺少的焊接材料。目前，我国焊丝和焊剂的产量占焊材总量的 15% 左右。在焊接过程中，焊剂的作用相当于焊条药皮。焊剂对焊接熔池起着特殊保护、冶金处理和改善工艺性能的作用。

焊剂的焊接工艺性能和化学冶金性能是决定焊缝金属性能的主要因素之一，采用同样的焊丝和同样的焊接参数，而配用的焊剂不同，所得焊缝的性能将有很大的差别，特别是冲击韧度差别更大。一种焊丝与多种焊剂的合理组合，无论是在低碳钢还是在低合金钢上，都可以使用，而且能兼顾各自的特点。

二、焊剂

焊剂的分类

目前，国产焊剂已有 50 余种。焊剂的分类方法有许多种，可分别按用途、制造方法、化学成分、焊接冶金性能等对焊剂进行分类，但每一种分类方法都只是从某一方面反映了焊剂的特性。

（1）按用途分类。焊剂按使用用途可分为埋弧焊焊剂、堆焊焊剂、电渣焊焊剂；也可按所焊材料分为低碳钢用焊剂、低合金钢用焊剂、不锈钢用焊剂、镍及镍合金用焊剂、钛及钛合金用焊剂等。

（2）按制造方法分类。按制造方法的不同，可以把焊剂分成熔炼焊剂和烧结焊剂两大类：

①熔炼焊剂：把各种原料按配方在炉中熔炼后进行粒化得到的焊剂称为熔炼焊剂。

②烧结焊剂：把各种粉料按配方混合后加入黏结剂，制成一定尺寸的小颗粒，经烘熔或烧结后得到的焊剂，称为烧结焊剂。根据烘焙温度的不同，烧结焊剂可分为以下几种。

——黏结焊剂（亦称陶质焊剂或低温烧结焊剂）：通常以水玻璃作为黏结剂，经 400~500℃ 低温烘焙或烧结得到的焊剂。

——烧结焊剂：要在较高的温度（600~1 000℃）烧结，经高温烧结后，焊剂的颗粒强度明显提高，吸潮性大大降低。烧结焊剂的碱度可以在较大范围内调节而仍能保持良好的工艺性能，可以根据需要过渡合金元素；而且，烧结焊剂适用性强，制造简便，故近年来发展很快。

根据不同的使用要求，还可以把熔炼焊剂和烧结焊剂混合起来使用，称之为混合焊剂。

（3）按化学成分分类。按照焊剂的主要成分进行分类是一种常用的分类方法。按 SiO_2 含量可分为高硅焊剂（$SiO_2 > 30\%$），中硅焊剂（$SiO_2 = 10\% \sim 30\%$），低硅焊剂（$SiO_2 < 10\%$）和无硅焊剂。按 MnO 含量可分为高锰焊剂（$MnO > 30\%$），中锰焊剂（$MnO = 15\% \sim 30\%$），低锰焊剂（$MnO = 2\% \sim 15\%$）和无锰焊剂（$MnO < 2\%$）。按 CaF_2 含量可分为高氟焊剂（$CaF_2 > 30\%$），中氟焊剂（$CaF_2 = 10\% \sim 30\%$）和低氟焊剂（$CaF_2 < 10\%$）。

也有的按 MnO、SiO_2 含量或 MnO、SiO_2、CaF_2 含量进行组合分类，例如，焊剂 431 可称为高锰高硅低氟焊剂，焊剂 350 可称为中锰中硅中氟焊剂，焊剂 250 可称为低锰中硅中氟焊剂。

（4）按焊剂的化学性质分类。焊剂的化学性质决定了焊剂的冶金性能，焊剂碱度及活性是常用来表征焊剂化学性质的指标。焊剂碱度及活性的变化对焊接工艺性能和焊缝金属的力学性能有很大影响。

分类：

①酸性焊剂（$B < 1.0$）：通常酸性焊剂具有良好的焊接工艺性能，焊缝成形美观，但焊缝金属含氧量高，冲击韧度较低。

②中性焊剂（$B = 1.0 \sim 1.5$）：熔敷金属的化学成分与焊丝的化学成分相近，焊缝含氧量有所降低。

③碱性焊剂（$B > 1.5$）：通常碱性焊剂熔敷金属的含氧量较低，可以获得较高的焊缝冲击韧度，但焊接工艺性能较差。

三、焊丝

按制造方法可分为实心焊丝和药芯焊丝两大类，其中药芯焊丝又可分为气保护和自保护两种。

按焊接工艺方法可分为埋弧焊焊丝、气保焊焊丝、电渣焊丝、堆焊焊丝和气焊焊丝等。

按被焊材料的性质又可分为碳钢焊丝、低合金钢焊丝、不锈钢焊丝、铸铁焊丝和有色金属焊丝等。

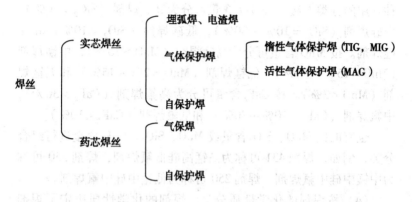

四、焊接材料的选用原则

焊材的选用须在确保焊接结构安全、可靠使用的前提下，根据被焊材料的化学成分、力学性能、板厚及接头形式、焊接结构特点、受力状态、结构使用条件对焊缝性能的要求、焊接施工条件和技术经济效益等综合考虑后，有针对性地选用焊材，必要时还需进行焊接性试验。

1. 同种钢材焊接时焊条选用要点

（1）考虑焊缝金属力学性能和化学成分。对于普通结构钢，通常要求焊缝金属与母材等强度，应选用熔敷金属抗拉强度等于或稍高于母材的焊条。对于合金结构钢，有时还要求合金成分与母材相同或接近。在焊接结构刚性大、接头应力高、焊缝易产生裂纹的不利情况下，应考虑选用比母材强度低的焊条。当母材中碳、硫、磷等元素的含量偏高时，焊缝中容易产生裂纹，应选用抗裂性能好的碱性低氢型焊条。

（2）考虑焊接构件使用性能和工作条件。对承受动载荷和冲击载荷的焊件，除满足强度要求外，主要应保证焊缝金属具有较高的冲击韧度和塑性，可选用塑、韧性指标较高的低氢型焊条。接触腐蚀介质的焊件，应根据介质的性质及腐蚀特征选用不锈钢类焊条或其他耐腐蚀焊条。在高温、低温、耐磨或其他特殊条件下工作的焊接件，应选用相应的耐热钢、低温钢、堆焊或其他特殊用途焊条。

（3）考虑焊接结构特点及受力条件。对结构形状复杂、刚性大的厚大焊接件，由于焊接过程中产生很大的内应力，易使焊缝产生裂纹，应选用抗裂性能好的碱性低氢焊条。对受力不大、焊接部位难以清理干净的焊件，应选用对铁锈、氧化皮、油污不敏感的酸性焊条。对受条件限制不能翻转的焊件，应选用适于全位置焊接的焊条。

（4）考虑施工条件和经济效益。在满足产品使用性能要求的情况下，应选用工艺性好的酸性焊条。在狭小或通风条件差的场合，应选用酸性焊条或低尘焊条。对焊接工作量大的结构，有条件时应尽量采用高效率焊条，如铁粉焊条、高效率重力焊条等，或选用底层焊条、立向下焊条之类的专用焊条，以提高焊接生产率。

2. 异种钢焊接时焊条选用要点

（1）强度级别不同的碳钢＋低合金钢或低合金钢＋低合金高强钢。一般要求焊缝金属或接头的强度不低于两种被焊金属的最低强度，选用的焊条强度应能保证焊缝及接头的强度不低于强度较低侧母材的强度，同时，焊缝金属的塑性和冲击韧性应不低于强度较高而塑性较差侧母材的性能。因此，可按两者之中强度级别较低的钢材选用焊条。但是，为了防止焊接裂纹，应按强度级别较高、焊接性较差的钢种确定焊接工艺，包括焊接规范、预热温度及焊后热处理等。

（2）低合金钢＋奥氏体不锈钢。应按照对熔敷金属化学成分限定的数值来选用焊条，一般选用铬、镍含量较高的、塑性、抗裂性较好的 25 - 13 型奥氏体钢焊条，以避免因产生脆性淬硬组织而导致的裂纹。但应按焊接性较差的不锈钢确定焊接工艺及规范。

（3）不锈复合钢板。应考虑对基层、覆层、过渡层的焊接选用 3 种不同性能的焊条。对基层（碳钢或低合金钢）的焊接，选用相应强度等级的结构钢焊条；覆层直接与腐蚀介质接触，应选用相应成分的奥氏体不锈钢焊条。关键是过渡层（即覆层与基层交界面）的焊接，必须考虑基体材料的稀释作用，应选用铬、镍含量较高、塑性和抗裂性好的 25 - 13 型奥氏体焊条。

五、焊条的储存与保管

（1）焊条必须存放在干燥、通风良好的室内仓库里。焊条储存库内，不允许放置有害气体和腐蚀性介质，室内应保持整洁。

（2）焊条应存放在架子上，架子离地面的距离应不小于 300mm，离墙壁距离不小于 300mm，室内应放置去湿剂或有去湿设备，严防焊条受潮。

（3）焊条堆放时应按种类、牌号、批次、规格、入库时间分类堆放，每垛应有明确的标志，避免混乱。发放焊条时应遵循先进先出的原则，避免焊条存放期太长。

（4）特种焊条的储存与保管制度，应比一般焊条严格。并将它们堆放在专用库房或指定区域内，受潮或包装损坏的焊条未经处理不准入库。

（5）对于已受潮、药皮变色和焊芯有锈蚀的焊条，须经烘干后进行质量评定。若各项性能指标都满足要求时，方可入库。

（6）焊条储存库内，应放置湿度计和温度计。焊库内温度不低于5℃，空气相对湿度应低于60%。

第四节 焊接接头和焊缝形式

一、焊接接头形式

焊接接头是指用焊接方法连接的接头（简称接头），如图1－1所示。焊接接头包括焊缝（OA）、熔合区（AB）、热影响区（BC）。焊缝是构成焊接接头的主体部分。

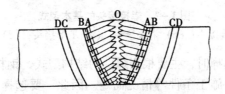

图1－1 焊接接头组成示意图

焊接接头的种类和形式很多，可以从不同的角度将它们加以分类。例如：根据所采用的焊接方法不同，焊接接头可以分为熔焊接头，压焊接头和钎焊接头三大类。根据接头的构造形式不同，焊接接头又可以分为对接接头、T形（十字）接头、搭接接头、角接接头4种，如图1－2所示。

（1）对接接头。在同一平面上，两板件端面相对焊接而形成的接头称为对接接头，如图1－2a所示。

（2）搭接接头。两板件部分重叠在一起进行焊接而形成的接头称为搭接接头，如图1－2b所示。

（3）T形接头。板件与另一板件相交构成直角或近似直角的接头称为T形接头，如图1－2c所示。

（4）角接接头。两板件端面构成直角或近似直角的连接接头称为角接接头，如图1－2d所示。

另外，还有十字接头、端接接头、套管接头、斜对接接头、卷边接头、锁底接头等。

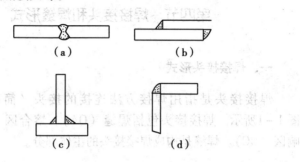

图1-2 焊接接头的基本型式

（a）对接接头；（b）搭接接头；（c）T形接头；（d）角接头

在型式选择时，主要根据焊件的结构型式、钢材厚度和对强度的要求以及施工条件等情况而定。因此，要选择好接头型式，就应熟悉各种接头的优缺点。

二、坡口形式和几何尺寸

1. 坡口形式

根据设计或工艺需要，在焊件的待焊部位加工成一定几何形状的沟槽，叫坡口。主要的坡口形式有I形、V形、X形、K形和U形等。开坡口的主要目的是为了保证焊缝根部焊透，使焊接电源能深入接头根部，以确保接头质量，同时，还能起到调节基体金属与填充金属比例的作用。坡口形式的选择原则如下。

（1）是否能保证焊件焊透。

（2）坡口的形状是否容易加工。

（3）应尽可能地提高生产率、节省填充金属。

（4）焊件焊后变形应尽可能小。

坡口加工方法有氧气切割、碳弧气刨、刨削、车削等。

2. 坡口的几何尺寸

（1）坡口面。焊件上的坡口表面叫坡口面，如图1－3所示。

（2）坡口面角度和坡口角度。

焊件表面的垂直面与坡口面之间的夹角叫坡口面角度，两坡口面之间的夹角叫坡口角度。开单面坡口时，坡口角度等于坡口面角度，开双面对称坡口时，坡口角度等于两倍的坡口面角度，如图1－3所示。

（3）根部间隙。焊前，在焊接接头根部之间预留的空隙叫根部间隙，如图1－3所示。根部间隙的作用在于焊接打底焊道时，能保证根部可以焊透。

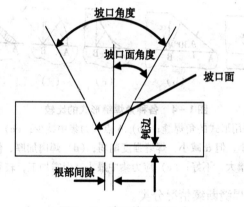

图1－3 坡口的几何尺寸

（4）钝边。焊件开坡口时，沿焊件厚度方向未开坡口的端面部分叫钝边，如图1－3所示。钝边的作用是防止焊缝根部烧穿。

（5）根部半径。在U形坡口底部的半径叫根部半径。根部半径的作用是增大坡口根部的空间，使焊条能够伸入根部的空间，以保证根部焊透。

三、焊缝的基本形式

焊件经焊接后所形成的结合部分叫焊缝，焊缝是构成焊接接头的主体部分。

焊缝的分类

（1）按结合形式分。焊缝可分为对接焊缝、角焊缝、塞焊缝和端接焊缝 4 种形式。

角焊缝的应用比较广泛，组对也较为方便，按其截面形状可分为 5 种，如图 1-4 所示。

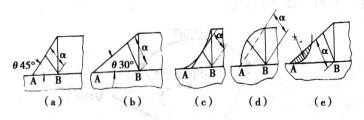

（a）　　　　（b）　　　　（c）　　　　（d）　　　　（e）

图 1-4　各种角焊缝形式的比较

（a）一般常用形式的角焊缝；（b）A 点应力集中减少；（c）A 点应力
集中减小，但 α 减小，焊缝强度削弱；（d）焊肉加厚，使应力
集中增大，不好；（e）应力集中最小，但需加工，较复杂

（2）按焊缝断续情况分类。

①定位焊缝：焊前为装配和固定焊件接头的位置而焊接的短焊缝称为定位焊缝。

②连续焊缝：沿接头全长连续焊接的焊缝。

③断续焊缝：沿接头全长焊接具有一定间隔的焊缝称为断续焊缝。它又可分为并列断续焊缝和交错断续焊缝。断续焊缝只适用于对强度要求不高以及不需要密闭的焊接结构。

四、焊接位置

1. 焊接位置

焊接时，焊件接缝所处的空间位置，叫焊接位置。一般用两个参数来表示。

（1）焊缝倾角。焊缝轴线与水平面之间的夹角，如图1-5所示。

图1-5 焊缝倾角

（2）焊缝转角。通过焊缝轴线的垂直面与坡口的二等分平面之间的夹角。如图1-6所示。

图1-6 焊缝转角

2. 常用焊接位置

（1）平焊位置。焊缝倾角0°～5°，焊缝转角0°～10°的焊接位置，叫平焊位置。如图 1 - 7a 所示。

（2）横焊位置。焊缝倾角 0° ~ 5°，焊缝转角 70° ~ 90° 的焊接位置（对接焊缝）；焊缝倾角 0° ~ 5°，焊缝转角 30° ~ 55° 的焊接位置（角焊缝）。如图 1 - 7b、c 所示。

（3）立焊位置。焊缝倾角 80° ~ 90°，焊缝转角 0° ~ 180° 的焊接位置，如图 1 - 7d 所示。

（4）仰焊位置。焊缝倾角 0° ~ 15°，焊缝转角 165° ~ 180° 的焊接位置对接焊缝）；焊缝倾角 0° ~ 15°，焊缝转角 115° ~ 180° 的焊接位置（角焊缝），如图 1 - 7e、f 所示。

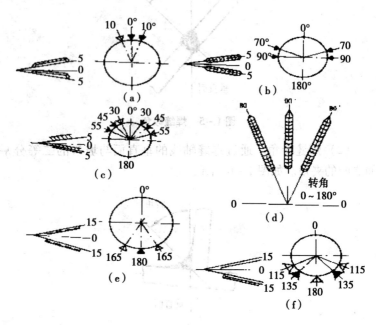

图 1 - 7　常用焊接位置

（a）平焊位置；（b）（c）横焊位置；（d）立焊位置；（e）（f）仰焊位置

3. 常用焊接位置的名词术语

（1）船形焊。T形、十字形和角接接头处于平焊位置所进行的焊接，如图 1-8 所示。

图 1-8 船形焊

（2）倾斜焊。焊件接缝置于倾斜位置（除平、横、立、仰焊位置以外）时所进行的焊接。

（3）平焊。在平焊位置所进行的焊接。

（4）横焊。在横焊位置所进行的焊接。

（5）立焊。在立焊位置所进行的焊接。

（6）仰焊。在仰焊位置所进行的焊接。

（7）向上/下立焊。立焊时，热源自下/上向上/下进行的焊接。

（8）上/下坡焊。倾斜焊时，热源自下/上向上/下进行的焊接。

（9）全位置焊。水平固定焊接管子时，从时钟 6 点位置开始仰焊、上坡焊、一直到时钟 12 点位置进行平焊所进行环行接缝的焊接。

五、焊缝形状和尺寸

1. **焊缝宽度**

焊缝表面与母材的交界处叫焊趾，两焊趾之间的距离叫焊缝宽度，如图 1-9 所示。

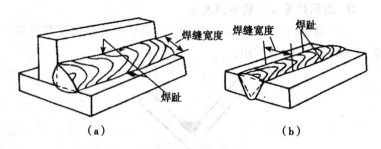

图 1-9　焊缝宽度
（a）角焊缝宽度；（b）对接焊缝焊缝宽度

2. 余高

对接焊缝中，超出表面焊趾连线的那部分焊缝金属的高度叫余高，如图 1-10 所示。余高使焊缝的截面积增加，强度提高，并能增加 X 射线照相的灵敏度，但易使焊趾处产生应力集中，所以，余高既不能低于母材，但也不能太高。

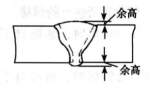

图 1-10　余高

3. 熔深

在焊接接头横截面上，母材熔化的深度叫熔深，如图 1-11 所示。当填充金属材料一定时，熔深的大小决定了焊缝的化学成分。

4. 焊缝厚度

在焊缝横截面中，从焊缝正面到焊缝背面的距离叫焊缝厚度，如图 1-12 所示。

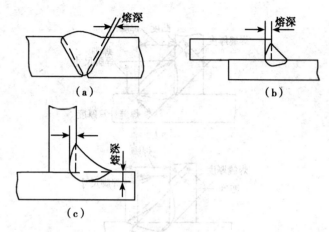

图 1 – 11　熔深

（a）对接接头熔深；（b）搭接接头熔深；（c）T形接头熔深

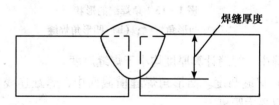

图 1 – 12　对接焊缝的焊缝厚度

5. **角焊缝的形状和尺寸**

　　根据角焊缝的外表形状，可将角焊缝分成两类：焊缝表面凸起的角焊缝叫凸形角焊缝；焊缝表面下凹的角焊缝叫凹形角焊缝，如图 1 – 13 所示。在其他条件一定时，凹形角焊缝要比凸形角焊缝应力集中小得多。

　　（1）焊缝计算厚度。在角焊缝断面内画出最大直角等腰三角形，从直角的顶点到斜边垂线长度。如果角焊缝的断面是标准的等腰直角三角形，则焊缝计算厚度等于焊缝厚度，在凸形或凹

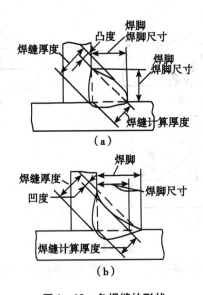

图 1-13　角焊缝的形状

(a) 凸形角焊缝；(b) 凹形角焊缝

形角焊缝中，焊缝计算厚度均小于焊缝厚度。

(2) 焊缝凸度。凸形角焊缝横截面中，焊趾连线与焊缝表面之间得最大距离。

(3) 焊缝凹度。凹形角焊缝横截面中，焊趾连线与焊缝表面之间得最大距离。

(4) 焊脚。角焊缝横截面中，从一个焊件上的焊趾到另一个焊件表面的最小距离。

(5) 焊脚尺寸。在角焊缝横截面中画出的最大等腰直角三角形中直角边的长度，对于凸形角焊缝，焊脚尺寸等于焊脚；对于凹形角焊缝焊脚尺寸小于焊脚。

6. 焊缝成形系数

熔焊时，在单道焊缝横截面上焊缝宽度与焊缝计算厚度之比值，叫做焊缝成形系数。焊缝成形系数越小，则表示焊缝窄而深，这样的焊缝中容易产生气孔、夹渣和裂纹。

六、焊缝代号及标注

焊缝符号是工程语言的一种，是用符号在焊接结构设计的图样中标注出焊缝形式、焊缝和坡口的尺寸及其他焊接要求。我国的焊缝符号是由国家标准 GB/T 324—1988 统一规定的。

1. 各种焊接方法的代号

GB/T 5185—1985《金属焊接及钎焊方法在图样上的表示代号》规定了各种焊接方法用阿拉伯数字代号表示。常用焊接方法的数字代号，见表 1–1。

表 1–1　常用焊接方法的数字代号

焊接方法	焊条电弧焊	氧乙炔气焊	钨极氩弧焊	埋弧焊	电渣焊	熔化极气体保护焊
数字代号	111	311	141	12	72	MIG：惰性气体保护焊 131 MAG：活性气体保护焊 151

2. 焊缝符号

（1）焊缝符号。一般由基本符号与指引线组成。必要时还可加上辅助符号、补充符号和焊缝尺寸符号。

（2）基本符号。基本符号是表示焊缝横截面形状的符号，见表 1–2。

（3）辅助符号。辅助符号是表示焊缝表面形状特征的符号。如提出对焊缝表面形状和焊缝如何布置等要求，均可以用辅助符号表示见表 1–3。不需要确切地说明焊缝的表面形状时，可以不用辅助符号。辅助符号的应用示例见表 1–4。

表 1-2　焊缝基本符号

序号	名　　称	示　意　图	符　号
1	卷边焊缝* （卷边完全熔化）		⼋
2	I 形焊缝		‖
3	V形焊缝		V
4	单边V形焊缝		Ｖ
5	带钝边V形焊缝		Y
6	带钝边单边Y形焊缝		Ｙ
7	带钝边U形焊缝		Y
8	带钝边J形焊缝		Ρ
9	封底焊缝		⌓
10	角焊缝		◺
11	塞焊缝或槽焊缝		⊓
12	点焊缝		○
13	缝焊缝		⊖

注：*不完全熔化的卷边焊缝用 I 形焊缝符号来表示，并加注焊缝有效厚度

表1-3 辅助符号

序号	名称	示意图	符号	说明
1	平面符号		—	焊缝表面齐平（一般通过加工）
2	凹面符号		⌣	焊缝表面凹陷
3	凸面符号		⌢	焊缝表面凸起

表1-4 辅助符号的应用示例

名称	示意图	符号
平面V形对接焊缝		▽
凸面X形对接焊缝		✕
凹面角焊缝		⊿
平面封底V形焊缝		⊻

（4）补充符号。

补充符号是为了补充说明焊缝的某些特征而采用的符号，见表1-5。补充符号的应用示例，见表1-6。

表1-5 补充符号

序号	名称	示意图	符号	说明
1	带垫板符号		▭	表示焊缝底部有垫板
2	三面焊缝符号		⊏	表示三面带有焊缝
3	周围焊缝符号		○	表示环绕工件周围焊缝
4	现场符号		▶	表示在现场或工地上进行焊接
5	尾部符号		＜	可参照 GB 5185—1985 标注焊接工艺方法等内容

表1-6 补充符号的应用示例

示意图	标注示例	说明
		表示 V 形焊缝的背面底部有垫板
		工件三面带有焊缝，焊接方法为焊条电弧焊
		表示在现场工件周围施焊

（5）指引线。指引线一般由带有箭头的引线（简称箭头线）和两条基准线（一条为实线，一条为虚线）两部分组成，如图 1 -14所示。

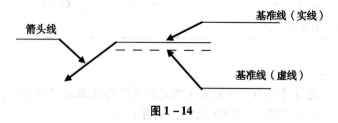

图 1 -14

（6）焊缝尺寸符号。焊缝尺寸符号，见表 1 -7 所示，示例见表 1 -8。

表1-7 焊缝尺寸符号

符号	名称	示意图
δ	工件厚度	
a	坡口角度	
b	根部间隙	
p	钝边	

(续表)

符号	名称	示意图
c	焊缝宽度	
R	根部半径	
l	焊缝长度	
n	焊缝段数	
e	焊缝间距	
k	焊角尺寸	
d	熔核直径	

表1-8 常用焊缝的尺寸标注方法示例

名称	示意图	焊缝尺寸符号	示例
对接焊缝		S：焊缝有效厚度	$S\vee$ $S/\!/$ $S\,Y$
卷边焊缝		S：焊缝有效厚度	$S\backslash\!\backslash$ $S\wedge$
连续角焊缝		K：焊脚尺寸	$K\triangle$
断续角焊缝		l：焊缝长度（不计弧坑） e：焊缝间距 n：焊缝段数	$K\triangle n\times l(e)$
交错断续角焊缝		$\left.\begin{array}{l} l \\ e \\ n \\ k \end{array}\right\}$ 表2-7	$n\times l\,(e)$ $n\times l\,(e)$

3. 焊缝符号在图样上的表示方法

一般箭头线相对焊缝的位置没有特殊要求，但在标准 V 形、单边 V 形，单边 U 形（J 形）焊缝时，箭头线应指向带有坡口的一侧焊件，如图 1-15 所示。必要时，允许箭头弯折一次，如图 1-15c 所示。

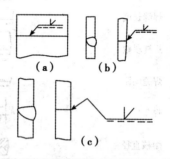

图 1-15　箭头线的位置

（a）（b）箭头线指向带有坡口一侧的焊件；

（c）必要时允许弯折一次

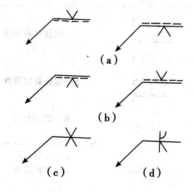

图 1-16　基本符号相对基准线的位置

（a）焊缝在接头的箭头侧；（b）焊缝在接头的非箭头侧；

（c）对称焊缝；（d）双面焊缝

基准线的虚线可以画在基准线的实线下侧或上侧。基准线一般与图样的底边平行，但在特殊条件下，亦可与底边垂直。

为了能在图样上确切的表示出焊缝的位置，特将基本符号相对基准线的位置作如下规定。

（1）如焊缝在接头的箭头侧，则基本符号标在基准线的实线侧，图 1 - 16a。

（2）如焊缝在接头的非箭头侧，则基本符号标在基准线的虚线侧，图 1 - 16b。

（3）标注对称焊缝及双面焊缝时，可不加虚线，图 1 - 16c、d。

必要时，基本符号可附带有尺寸符号及数据。焊缝尺寸符号及数据的标注原则为。

①焊缝横面的尺寸标在基本符号的左侧。

②焊缝长度方向尺寸标在基本符号的右侧。

③坡口角度、坡口面角度、根部间隙等尺寸标在基本符号的上侧或下侧。

④相同焊缝数量符号标在尾部。

⑤当标注的尺寸数据较多又不易分辨时，可在数据前面加相应的尺寸符号。

当箭头线方向变化时，上述原则不变。

焊缝尺寸符号及数据的标注原则，如图 1 - 17。

4. 焊缝符号在图样上的识别

焊缝符号在图样上识别的原则如下。

（1）根据箭头线的指引方向了解焊缝在焊件上的位置。

（2）看图样上焊件的结构形式（组焊焊件的相对位置）识别出接头形式。

（3）通过基本符号可以识别焊缝（即焊缝的坡口）形式。

（4）在基本符号的上（下）方有坡口角度及装配间隙。

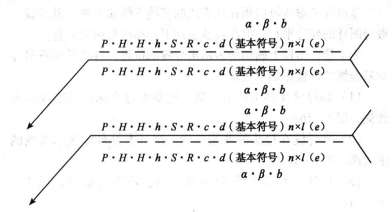

图 1 - 17　焊缝尺寸的标注原则

焊缝符号在图样上的识别示例，如表 1 - 9 所示。

表 1 - 9　焊缝符号在图样上的识别示例

焊缝形式	图样代号	备注
		单面坡口对接焊缝
		不开坡口，双面对接焊缝
		单边角焊缝
		交错双面角焊缝
		单面坡口带垫板对接焊缝要求焊缝表面平
		单面坡口带封底对接焊缝
		对称 X 形坡口双面对接焊缝
		不对称 X 形坡口双面对接焊缝

第二章　焊条电弧焊

第一节　焊接电弧

一、焊条电弧焊的焊接过程

焊条电弧焊过程，如图 2-1 所示。

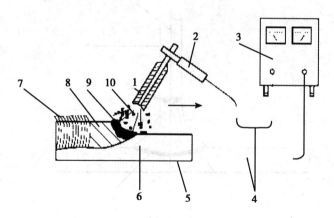

图 2-1　焊条电弧焊过程

1. 焊条；2. 焊钳；3. 焊机；4. 电缆；5. 焊件；
6. 熔滴；7. 熔渣；8. 焊缝；9. 熔池；10. 保护气体

二、焊条电弧焊的工艺特点

（1）工艺灵活、适应性强。
（2）设备简单、生产成本低。
（3）容易控制焊接应力与变形。
（4）劳动条件差、生产效率低。

三、焊接电弧的构造和温度

1. 焊接电弧的构造

焊接电弧主要由阴极区、阳极区和弧柱区 3 部分组成。焊接电弧的构造，如图 2 - 2 所示。

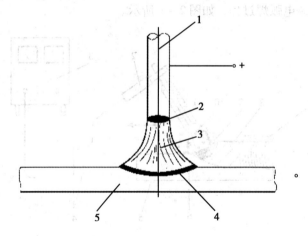

图 2 - 2　焊接电弧构造

1. 焊条；2. 阳极区；3. 弧柱区；4. 阴极区；5. 焊件

（1）阴极区。阴极区在电源的负极处（直流正接），该区域很窄，大约只有 10^{-4} mm。

（2）阳极区。阳极区在电源的阳极处（直流正接），此区域比阴极区域稍宽些，大约有 $10^{-2} \sim 10^{-3}$ mm。

（3）弧柱区。弧柱区是阴极区与阳极区之间的区域，由于阴极区和阳极区都很窄，所以，电弧的主要组成部分是弧柱区，弧柱的长度基本上等于电弧长度。

2. 焊接电弧的温度分布

阳极斑点温度高于阴极斑点温度，电弧弧柱的中心温度最高，大约为 5 000 ~ 8 000K，离开弧柱中心，温度逐渐降低。

3. 电弧电压

焊接过程中，电弧两端之间的电压降称为电弧电压。电弧电压由阴极压降、阳极压降以及弧柱压降 3 部分组成。当弧长一定时，电弧电压的分布，如图 2 - 3 所示。

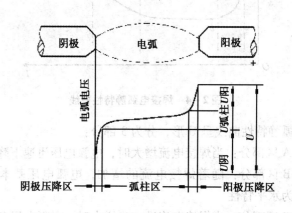

图 2 - 3 焊接电弧电压分布

当电极材料、气体介质一定时，焊接电弧的阴极压降和阳极压降为一常数，所以，电弧电压只与电弧长度有关，即焊接电弧长度增加，电弧电压增加；焊接电弧长度减小，电弧电压也减小。

四、焊接电弧的静特性

1. 焊接电弧的静特性曲线

在电极材料、气体介质和弧长一定的条件下，电弧稳定燃烧时，焊接电流与电弧电压的关系，称为焊接电弧的静特性，一般也叫伏-安特性。表示这样关系的曲线，就称为焊接电弧的静特性曲线。焊接电弧静特性曲线，如图2-4所示。

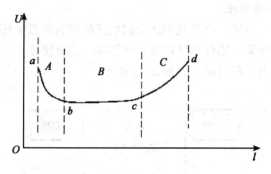

图2-4 焊接电弧静特性曲线

电弧静特性曲线呈U形，分为3部分：

在A区部分：当焊接电流增大时，电弧电压迅速下降。

在B区部分：随着焊接电流的增加，电弧电压基本保持不变，称为水平特性。

在C区部分：当焊接电流进一步增大时，电弧电压升高，称为上升特性。

2. 不同焊接方法的电弧静特性

焊条电弧焊：由于焊接时，焊接电流值受到限制，其静特性曲线无C区部分，焊接电弧工作在水平区。

钨极惰性气体保护焊：采用小电流焊接时，电弧电压在电弧静特性曲线的下降区；当用大电流焊接时，电弧电压在电弧静特性曲线的水平区。

细丝熔化极气体保护焊：由于熔化极内电流密度加大，电弧电压在电弧静特性曲线的上升区。

埋弧焊：用正常的焊接电流密度焊接时，电弧电压在焊接静特性曲线的水平区；当增大焊接电流密度时，电弧电压在电弧静特性曲线的上升区。

3. 影响焊接电弧静特性的因素

（1）电弧长度。

（2）气体介质种类。

（3）气体介质压力。

五、焊接电弧的稳定性

1. 定义

焊接过程中，电弧在不产生断弧、飘移和磁偏吹的情况下，保持稳定燃烧的程度称为电弧稳定性。

2. 影响因素

（1）弧焊电源。

（2）焊条药皮。

（3）气流。

（4）焊件接头处清洁程度。

（5）磁偏吹。

①造成焊接电弧磁偏吹的因素：

a. 焊接电缆线位置不正确引起的电弧磁偏吹。

b. 铁磁物质引起的电弧磁偏吹。

c. 焊条与焊件的位置不对称引起的电弧磁偏吹。

②解决焊接电弧偏吹的方法：

a. 改变焊件上的接地线部位，尽可能做到使弧柱周围的磁力线分布均匀。

b. 在焊缝的起始端和终止端各加一块小附加钢板，即引弧板和引出板，可减小或消除电弧在焊缝端部起弧与收尾处电弧偏吹现象。

c. 在焊接过程中，适当调节焊条角度，使焊条向偏吹一侧斜。

d. 为了减小电弧磁偏吹，可以适当减小焊接电流，因为，磁偏吹的大小与焊接电流大小有直接关系。增加焊接电流，无法克服磁偏吹。

e. 采用短弧焊接，以增加电弧的挺度，减小电弧磁偏吹的度。

f. 选用交流弧焊电源焊接，电弧磁偏吹现象比直流电源小得多。

第二节　焊接参数

焊接参数，是指焊接过程中，为保证焊接质量而选定的各个参数。

一、焊接电源的选择

选用焊接电源时，要满足以下基本要求，即适当的空载电压；陡降的外特性；焊接电流大小可以灵活调节。

根据焊条药皮类型决定焊接电源的种类。除低氢钠型焊条必须采用直流反接电源。直流电源焊接厚板，采用直流正接法，焊接薄板时，必须选用直流焊接电源反接法。

二、焊接极性的选择

1. 焊接电源的极性

焊件接电源正极、焊钳接电源负极的接线法称为直流正接；

焊件接电源负极、焊钳接电源正极的接线法称为直流反接，如图2-5所示。

交流弧焊变压器的输出电极无正、负极之分。

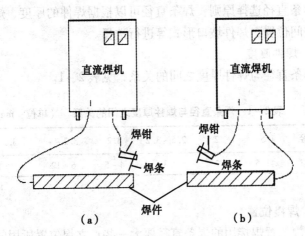

图2-5 直流焊接电源的正接与反接
(a) 正接；(b) 反接

2. 焊接电源极性的应用

①酸性焊条用交流电源焊接。

②低氢钾型焊条，可以用交流电源进行焊接，也可以用直流电源反接法进行焊接。

③酸性焊条用直流焊接电源焊接时，厚板宜采用直流正接法焊接，薄板采用直流反接法焊。

④当使用低氢钠型焊条焊接时，必须使用直流焊接电源反接法焊接。

3. 直流电源极性的鉴别方法

①采用低氢钠型焊条。

②采用碳棒试焊。

③采用直流电压表鉴别。

三、焊条直径的选择

焊条直径选择原则：焊条直径可以根据焊件的厚度、焊缝所在的空间位置，焊件坡口形式等进行选择。

1. 焊件厚度

焊条直径与焊件厚度之间的关系，见表2-1。

表2-1　焊条直径与焊件厚度之间的关系　（单位：mm）

焊条直径	1.5	2	2.5~3.2	3.2	3.2~4	3.2~5
焊件厚度	≤1.5	2	3	4~5	6~12	>13

2. 焊接位置

平焊位置焊接用的焊条直径要大一些；立焊位置所用的焊条直径最大不超过5mm；横焊及仰焊时，所用的焊条直径不应超过4mm。

3. 焊接层次

多层焊道的第一层焊道应采用的焊条直径为2.5~3.2mm，以后各层焊道可根据焊件厚度选用较大直径焊条焊接。

四、焊接电流的选择

焊接电流是焊接过程中流经焊接回路的电流，它是焊条电弧焊最重要的焊接参数。焊接电流的选择，考虑的因素主要有焊条直径、焊接位置、焊道层数等。

1. 焊条直径

焊条直径与焊接电流的关系，见表2-2。

表 2-2　焊条直径与焊接电流的关系

焊条直径/mm	焊接电流/A	焊条直径/mm	焊接电流/A
1.6	25 ~ 40	4.0	150 ~ 200
2.0	40 ~ 70	5.0	180 ~ 260
2.5	50 ~ 80	5.8	220 ~ 300
3.2	80 ~ 120	—	—

2. 焊接位置

平焊位置焊接时，选择偏大些的焊接电流；非平焊位置焊接时，应比平焊时的焊接电流小，立焊、横焊的焊接电流比平焊接电流小 10% ~ 15%；仰焊焊接电流比平焊焊接电流小 15% ~ 20%。角焊缝的焊接电流比平焊焊接电流稍大；不锈钢焊接时，焊接电流应选择允许值的下限。

3. 焊道

打底层焊道焊接时流应偏小些，填充层焊道焊接通常都使用较大的焊接电流。盖面层焊缝焊接时，使用的焊接电流可稍小些。此外，定位焊时，对焊缝焊接质量的要求与打底层焊缝相同。

五、电弧电压的选择

焊条电弧焊的电弧电压，是指焊接电弧两端（两电极）之间的电压，其值大小取决于电弧的长度。

焊接弧长允许在 1 ~ 6mm 变化，焊接过程中的电弧电压大小，完全由焊工通过控制焊接电弧的长度来保证。

六、焊接层数的选择

中厚板焊接，为了保证焊透，需要在焊前开坡口，然后用焊条电弧焊进行多层焊或多层多道焊。多层焊和多层多道焊，如图

2 - 6 所示。每层的焊道厚度不应大于 4 ~ 5mm。

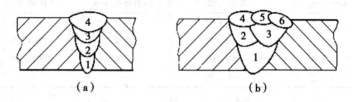

（a）　　　　　　　　　　　　　　　（b）

图2 - 6　多层焊和多层多道焊

（a）多层焊；（b）多层多道焊

1、2、3……6—各焊道的顺序号

七、焊接热输入

焊接热输入是指熔焊时由焊接能源输入给单位长度焊缝上的热能，其计算公式如下。

$$q = IU/v\eta$$

式中，q ——单位长度焊缝的热输入（J/mm）；

　　　　I ——焊接电流（A）；

　　　　U ——电弧电压（V）；

　　　　v ——焊接速度（mm/s）；

　　　　η ——热效率（焊条电弧焊时：η = 0.7 ~ 0.8；埋弧焊时：η = 0.8 ~ 0.95；TIG 时：η = 0.5）。

低碳钢的焊条电弧焊，一般不规定热输入。对于低合金钢和不锈钢焊接工艺应规定热输入量。

第三节　焊条电弧焊的电源

焊条电弧焊的电源设备分3类：包括交流电弧焊变压器、直流弧焊电源、逆变弧焊电源。

1. 对焊条电弧焊电源设备的要求

焊条电弧焊时，欲获得优良的焊接接头，首先要使电弧稳定地燃烧。决定电弧稳定燃烧的因素很多，如电源设备、焊条成分、焊接规范及操作工艺等，其中主要的因素是电源设备。焊接电弧在起弧和燃烧时所需要的能量，是靠电弧电压和焊接电流来保证的，为确保能顺利起弧和稳定地燃烧。要求如下。

（1）焊接电源在引弧时，应供给电弧以较高的电压（但考虑到操作人员的安全，这个电压不宜太高，通常规定该空载电压在 50~90V）和较小的电流（几个安培）；引燃电弧、并稳定燃烧后，又能供给电弧以较低的电压（16~40V）和较大的电流（几十安培至几百安培）。电源的这种特性，称为陡降外特性。

（2）焊接电源还要满足可以灵活调节焊接电流，以满足焊接不同厚度的工件时所需的电流。此外，还应具有好的动特性。

2. 交流弧焊电源

交流弧焊电源是一种特殊的降压变压器，它具有结构简单、噪音小、价格便宜、使用可靠、维护方便等优点。交流弧焊电源分动铁式和动圈式两种。

BX1-300 型动铁式弧焊机是目前用得较广的一种交流弧焊机，其外形如图 2-7 所示。交流弧焊机可将工业用的电压（220V 或 380V）降低至空载 60~70V、电弧燃烧时的 20~35V。它的电流调节通过改变活动铁芯的位置来进行。具体操作方法是借转动调节手柄，并根据电流指示盘将电流调节到所需值。

动圈式弧焊电源则通过变压器的初级和次级线圈的相对位置来调节焊接电流的大小，如图 2-8 所示。

3. 直流弧焊电源

直流弧焊电源输出端有正、负极之分，焊接时电弧两端极性不变。弧焊机正、负两极与焊条、焊件有两种不同的接线法（图 2-9）：将焊件接到弧焊机正极，焊条接至负极，这种接法称正

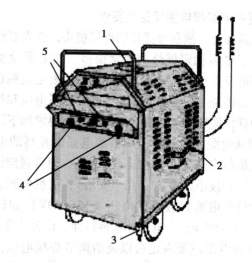

图 2 - 7   BX1 - 330 交流弧焊机
1. 电流指示盘；2. 调节手柄（细调电流）；3. 接地螺钉
4. 焊接电源两极（接工件和焊条）；5. 线圈抽头（粗调电流）

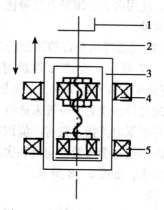

图 2 - 8   BX3 型动圈式弧焊变压器示意图
1. 调节手柄；2. 调节螺杆；3. 主铁芯；4. 可动次级线圈；5. 初级线圈

接，又称正极性；反之，将焊件接到负极，焊条接至正极，称为反接，又称反极性。焊接厚板时，一般采用直流正接，这是因为电弧正极的温度和热量比负极高，采用正接能获得较大的熔深。焊接薄板时，为了防止烧穿，常采用反接。在使用碱性低氢钠型焊条时，均采用直流反接。

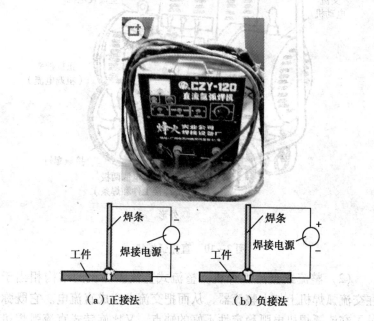

图 2-9　直流弧焊机的不同极性接法

（1）旋转式直流弧焊机。旋转式直流弧焊机是由一台三相感应电动机和一台直流弧焊发电机组成，又称弧焊发电机。图 2-10所示是旋转式直流弧焊机的外形。它的特点是能够得到稳定的直流电，因此，引弧容易，电弧稳定，焊接质量较好。但这种直流弧焊机结构复杂，价格比交流弧焊机贵得多，维修较困难，使用时噪音大。现在，这种弧焊机已停止生产正在淘汰中。

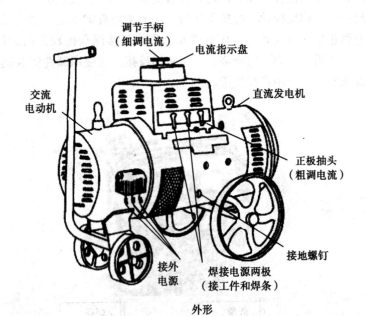

调节手柄
（细调电流）

电流指示盘

交流
电动机

直流
发电机

正极抽头
（粗调电流）

接地螺钉

接外
电源

焊接电源两极
（接工件和焊条）

外形

图 2 - 10 直流弧焊机

（2）整流式直流弧焊机。整流式直流弧焊机的结构相当于在交流弧焊机上加上整流器，从而把交流电变成直流电。它既弥补了交流弧焊机电弧稳定性不好的缺点，又比旋转式直流弧焊机结构简单，消除了噪音。它已逐步取代旋转式直流弧焊机。

（3）逆变式弧焊变压器。逆变是指将直流电变为交流电的过程。它可通过逆变改变电源的频率，得到想要的焊接波形。

其特点：提高了变压器的工作频率，使主变压器的体积大大缩小，方便移动；提高了电源的功率因数；有良好的动特性；飞溅小，可一机多用，可完成多种焊接。其原理框图，如图 2 -11。

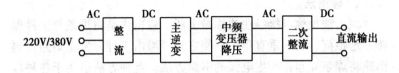

图 2-11 逆变电源的基本原理框图

第四节 焊条电弧焊的操作技术

一、焊条电弧焊的操作

焊条电弧焊最基本的操作是引弧、运条和收尾。

(一) 引弧

引弧即产生电弧。焊条电弧焊是采用低电压、大电流放电产生电弧，依靠电焊条瞬时接触工件实现。引弧时必须将焊条末端与焊件表面接触形成短路，然后迅速将焊条向上提起 2~4mm 的距离，此时，电弧即引燃。引弧的方法有两种：碰击法和擦划法，详见图 2-12。

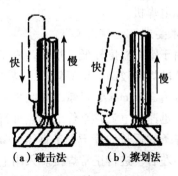

图 2-12 引弧方法

1. 碰击法

碰击法也称点接触法或称敲击法。碰击法是将焊条与工件保持一定距离，然后垂直落下，使之轻轻敲击工件，发生短路，再迅速将焊条提起，产生电弧的引弧方法。此种方法适用于各种位置的焊接。

2. 擦划法

擦划法也称线接触法或称摩擦法。擦划法是将电焊条在坡口上滑动，成一条线，当端部接触时，发生短路，因接触面很小，温度急剧上升，在未熔化前，将焊条提起，产生电弧的引弧方法。此种方法易于掌握，但容易沾污坡口，影响焊接质量。

上述两种引弧方法应根据具体情况灵活应用。擦划法引弧虽比较容易，但这种方法使用不当时，会擦伤焊件表面。为尽量减少焊件表面的损伤，应在焊接坡口处擦划，擦划长度以 20～25mm 为宜。在狭窄的地方焊接或焊件表面不允许有划伤时，应采用碰击法引弧。碰击法引弧较难掌握，焊条的提起动作太快并且焊条提得过高，电弧易熄灭；动作太慢，会使焊条黏在工件上。当焊条一旦黏在工件上时，应迅速将焊条左右摆动，使之与焊件分离；若仍不能分离时，应立即松开焊钳切断电源，以免短路时间过长而损坏电焊机。

3. 引弧的技术要求

在引弧处，由于钢板温度较低，焊条药皮还没有充分发挥作用，会使引弧点处的焊缝较高，熔深较浅，易产生气孔，所以通常应在焊缝起始点后面 10mm 处引弧，如图 2－13 所示。引燃电弧后拉长电弧，并迅速将电弧移至焊缝起点进行预热。预热后将电弧压短，酸性焊条的弧长约等于焊条直径，碱性焊条的弧长应为焊条直径的一半左右，进行正常焊接。采用上述引弧方法即使在引弧处产生气孔，也能在电弧第二次经过时，将这部分金属重新熔化，使气孔消除，并且不会留引弧伤痕。为了保证焊缝起点处能够焊透，焊条可作适当的横向摆动，并在坡口根部两侧稍加停顿，以形成一定大小的熔池。

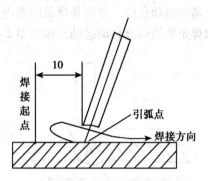

图 2 - 13　引弧点的选择

引弧对焊接质量有一定的影响，经常因为引弧不好而造成始焊的缺陷。综上所述，在引弧时应做到以下几点。

（1）工件坡口处无油污、锈斑，以免影响导电能力和防止熔池产生氧化物。

（2）在接触时，焊条提起时间要适当。太快，气体未电离，电弧可能熄灭；太慢，则使焊条和工件黏合在一起，无法引燃电弧。

（3）焊条的端部要有裸露部分，以便引弧。若焊条端部裸露不均，则应在使用前用锉刀加工，防止在引弧时，碰击过猛使药皮成块脱落，引起电弧偏吹和引弧瞬间保护不良。

（4）引弧位置应选择适当，开始引弧或因焊接中断重新引弧，一般均应在离始焊点后面 10～20mm 处引弧，然后移至始焊点，待熔池熔透再继续移动焊条，以消除可能产生的引弧缺陷。

（二）运条

电弧引燃后，就开始正常的焊接过程。为获得良好的焊，缝成形，焊条得不断地运动。焊条的运动称为运条。运条是电焊工操作技术水平的具体表现。焊缝质量的优劣、焊缝成形的好坏，主要由运条来决定。

运条由 3 个基本运动合成，分别是焊条的送进运动、焊条的横向摆动运动和焊条的沿焊缝移动运动，详见图 2－14。

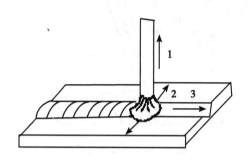

图 2－14　焊条的 3 个基本运动
1. 焊条送进；2. 焊条摆动；3. 沿焊缝移动

1. 焊条的送进运动

主要是用来维持所要求的电弧长度。由于电弧的热量溶化了焊条端部，电弧逐渐变长，有熄弧的倾向。要保持电弧继续燃烧，必须将焊条向熔池送进，直至整根焊条焊完为止。为保证一定的电弧长度，焊条的送进速度应与焊条的熔化速度相等，否则，会引起电弧长度的变化，影响焊缝的熔宽和熔深。

2. 焊条的摆动和沿焊缝移动

这两个动作是紧密相连的，而且变化较多、较难掌握。通过两者的联合动作可获得一定宽度、高度和一定熔深的焊缝。所谓焊接速度即单位时间内完成的焊缝长度。如图 2－15，表示焊接速度对焊缝成形的影响。焊接速度太慢，会焊成宽而局部隆起的焊缝；太快，会焊成断续细长的焊缝；焊接速度适中时，才能焊成表面平整，焊波细致而均匀的焊缝。

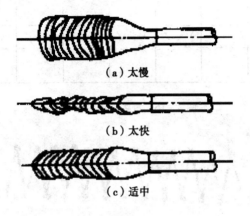

（a）太慢

（b）太快

（c）适中

图 2 – 15 焊接速度对焊缝成形的影响

3. 运条手法

为了控制熔池温度，使焊缝具有一定的宽度和高度，在生产中经常采用。

下面几种运条手法。

（1）直线形运条法。采用直线形运条法焊接时，应保持一定的弧长，焊条不摆动并沿焊接方向移动。由于此时焊条不作横向摆动，所以，熔深较大，且焊缝宽度较窄。在正常的焊接速度下，焊波饱满平整。此法适用于板厚 3 ~ 5mm 的不开坡口的对接平焊、多层焊的第一层焊道和多层多道焊。

（2）直线往返形运条法。此法是焊条末端沿焊缝的纵向作来回直线形摆动，如图 2 – 16 所示，主要适用于薄板焊接和接头间隙较大的焊缝。其特点是焊接速度快，焊缝窄，散热快。

（3）锯齿形运条法。此法是将焊条末端作锯齿形连续摆动并向前移动，如图 2 – 17 所示，在两边稍停片刻，以防产生咬边缺陷。这种手法操作容易、应用较广，多用于比较厚的钢板的焊接，适用于平焊、立焊、仰焊的对接接头和立焊的角接接头。

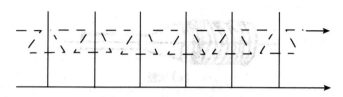

图2-16　直线往返形运条法

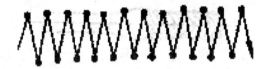

图2-17　锯齿形运条法

（4）月牙形运条法。如图2-18所示，此法是使焊条末端沿着焊接方向作月牙形的左右摆动，并在两边的适当位置作片刻停留，以使焊缝边缘有足够的熔深，防止产生咬边缺陷。此法适用于仰、立、平焊位置以及需要比较饱满焊缝的地方。其适用范围和锯齿形运条法基本相同，但用此法焊出来的焊缝余高较大。其优点是，能使金属熔化良好，而且有较长的保温时间，熔池中的气体和熔渣容易上浮到焊缝表面，有利于获得高质量的焊缝。

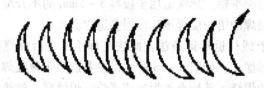

图2-18　月牙形运条法

（5）三角形运条法。如图2-19所示，此法是使焊条末端作连续三角形运动，并不断向前移动。按适用范围不同，可分为斜三角形和正三角形两种运条方法。其中，斜三角形运条法适用于焊接 T 形接头的仰焊缝和有坡口的横焊缝。其特点是能够通过焊条的摆动控制熔化金属，促使焊缝成形良好。正三角形运条法仅适用于开坡口的对接接头和 T 形接头的立焊。其特点是一次能焊出较厚的焊缝断面，有利于提高生产率，而且焊缝不易产生夹渣等缺陷。

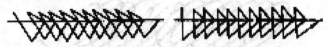

（a）斜三角形运条法　　　　（b）正三角形运条法

图 2-19　三角形运条法

（6）圆圈形运条法。如图 2-20 所示，将焊条末端连续作圆圈运动，并不断前进。这种运条方法又分正圆圈和斜圆圈两种。正圆圈运条法只适于焊接较厚工件的平焊缝，其优点是能使熔化金属有足够高的温度，有利于气体从熔池中逸出，可防止焊缝产生气孔。斜圆圈运条法适用于 T 形接头的横焊（平角焊）和仰焊以及对接接头的横焊缝，其特点是可控制熔化金属不受重力影响，能防止金属液体下淌，有助于焊缝成形。

（三）收尾

电弧中断和焊接结束时，应把收尾处的弧坑填满。若收尾时立即拉断电弧，则会形成比焊件表面低的弧坑。

在弧坑处常出现疏松、裂纹、气孔、夹渣等现象，因此，焊缝完成时的收尾动作不仅是熄灭电弧，而且要填满弧坑。收尾动作有以下几种。

（1）划圈收尾法。焊条移至焊缝终点时，作圆圈运动，直到填满弧坑再拉断电弧。主要适用于厚板焊接的收尾。

（2）反复断弧收尾法。收尾时，焊条在弧坑处反复熄弧、

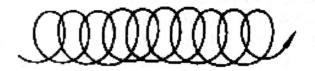

（a）正圆圈形运条法

（b）斜圆圈形运条法

图2-20　圆圈形运条法

引弧数次，直到填满弧坑为止。此法一般适用于薄板和大电流焊接，但碱性焊条不宜采用，因其容易产生气孔。

（3）回焊收尾法。焊条移至焊缝收尾处立即停止，并改变焊条角度回焊一小段。此法适用于碱性焊条。

当换焊条或临时停弧时，应将电弧逐渐引向坡口的斜前方，同时，慢慢抬高焊条，使得熔池逐渐缩小。当液体金属凝固后，一般不会出现缺陷。

二、各种焊接位置上的操作要点

（一）平焊位置的焊接

1. 平焊位置的焊接特点

平焊时，熔滴可依靠自重自然垂落至熔池。熔池结晶位置处于水平，结晶条件良好，焊缝成形美观，是所有焊接位置中最适宜也是最容易操作的位置，且熔池中金属液不易流失。生产中，能采用平焊的应尽可能用平焊，不能采用平焊的应使用焊接变位机及焊接滚轮架（焊接转胎）设法转到平焊位再焊接，尤其是可转动的管子及环缝接头。一些焊接方法（如埋弧焊）往往只能在平焊位置才能顺利作业。

2. 平焊位置的焊条角度

焊条角度，如图 2 - 21 所示。

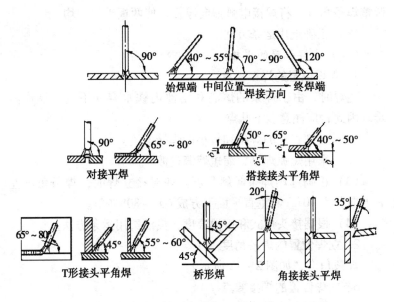

图 2 - 21　平焊位置时的焊条角度

3. 平焊位置的焊接要点

（1）根据板厚可以选用直径较粗的焊条，用较大的焊接电流焊接。

（2）最好采用短弧焊接。

（3）焊条与焊件成 40°～90°的夹角，控制好电弧长度和运条速度，防止熔渣向前流动。

（4）板厚在 5mm 以下，焊接时一般开 I 形坡口，可以 φ3.2mm 或 φ4mm 焊条，采用短弧法焊接。背面封底焊前，可以不用铲除焊根。

（5）焊接水平倾斜焊缝时，应采用上坡焊。

（6）采用多层多道焊时，注意选好焊道数及焊道焊接顺序。

（7）T形、角接、搭接接头平角焊时，若两板厚度不同，应调整焊条角度，将焊接电弧偏向厚板，使两板受热均均。

（8）正确选用运条方法。

（二）立焊位置的焊接

1. 立焊位置的焊接特点

立焊时，由于焊条的熔滴和熔池内铁水容易下淌，操作困难。因此，应注意以下几点。

（1）较细直径的焊条和较小的焊接电流。

（2）采用短弧焊接，缩短熔滴过渡距离。

（3）正确选用焊条倾斜角度。如对接立焊时，焊条角度左右方向各为90°，与垂直平面下方成60°~80°夹角。

（4）根据接头形式和熔池温度，灵活选用运条方法。

2. 立焊位置的焊条角度

焊条角度，如图2-22所示。

3. 立焊位置的焊接要点

（1）焊钳夹持焊条后，焊钳与焊条应成一直线，如图2-23所示。焊工的身体不要正对着焊缝，要略偏向左侧或右侧（左撇子）以便于握焊钳的右手或左手（左撇子）操作。

（2）焊接过程中，保持焊条角度，减少熔化金属下淌。

（3）选用较小的焊条直径（<φ4mm）和较小的焊接电流（平焊位置焊接电流的80%~85%），用短弧焊接。

（4）采用正确的运条方式

（三）横焊位置的焊接

1. 横焊位置的焊接特点

（1）金属受重力作用而下淌至下侧坡口上，容易造成未熔

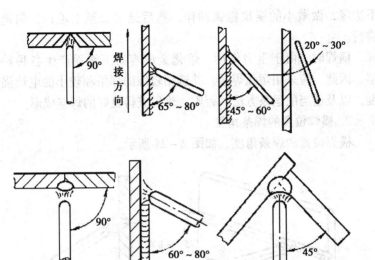

图 2 - 22　立焊位置时的焊条角度

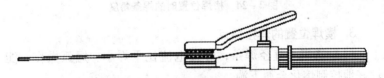

图 2 - 23　焊钳夹持焊条的形式

合和夹渣。因此，应采用较小直径的焊条和短弧施焊。

（2）熔化金属与熔渣较容易分清。

（3）采用多层多道焊，能比较容易地防止铁水下淌，但外观不易整齐。

（4）为了避免熔池金属下淌，有利于焊缝成型，厚板横焊时，下面焊件可不开坡口或坡口角度小于上面焊件。

（5）在坡口上边缘容易形成咬边，下边缘容易形成下坠。操作时应在坡口上边缘稍作停留，并以选定的焊接速度焊至坡口下边缘，做微小的横拉稳弧动作，然后迅速带至上坡口，匀速进行。

横焊时，由于重力作用，熔化金属容易下淌而产生各种缺陷。因此，应采用短弧焊接，并选用较细的焊条和较小的电流强度，以及适当的运条方法，否则，难以获得良好的焊缝成形。

2. 横焊位置的焊条角度

横焊位置的焊条角度，如图 2 – 24 所示。

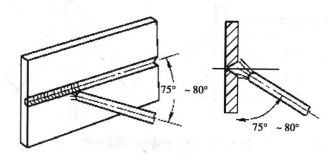

图 2 – 24　横焊位置时的焊条角度

3. 横焊位置的焊接要点

（1）选用小直径焊条，焊接电流比平焊小、短弧操作，能较好地控制熔化金属下淌。

（2）厚板横焊时，打底层以外的焊缝，宜采用多层多道焊法施焊。

（3）多层多道焊时，要特别注意焊道与焊道间的重叠距离，每道叠焊，应在前一道焊缝的 1/3 处开始焊接，以防止焊缝产生凹凸不平。

（4）根据焊接过程中的实际情况，保持适当的焊条角度。

（5）采用正确的运条方法。

（四）仰焊位置的焊接

1. 仰焊位置的焊接特点

仰焊时由于熔池金属倒悬在焊件下面，役有固定的金属承托，所以，焊缝成型困难。同时，施焊中常发生熔渣越前的现象。因此，仰焊时必须保证最短的电弧长度，以使熔滴在很短时间内过渡到熔池中，在表面张力的作用下，很快与熔池的液体金属熔合，促使焊缝成型。此外，为了减小熔池面积，要选择比平焊时还小的焊条直径和焊接电流。若电流与焊条直径过大，致使熔池体积过大，容易造成熔化金属的下落；如果电流过小，则根部不易焊透，易产生夹渣及焊缝成型不良的缺陷。

2. 仰焊位置的焊条角度

仰焊位置的焊条角度，如图 2 –25 所示。

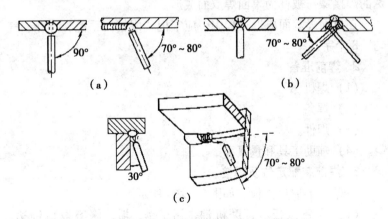

图 2 –25　仰焊位置时的焊条角度

a. I 形坡口对接仰焊；b. 其他坡口对接仰焊；c. T 形接头仰角焊

3. 仰焊位置的焊接要点

（1）应采用最短的弧长施焊。

（2）打底层焊缝，应采用小直径焊条和小焊接电流施焊。

（3）根据具体情况选用正确的运条方法。

第五节　焊条电弧焊操作实例

实例1　低碳钢板平焊位置的单面焊双面成形

1. 单面焊双面成形的焊接技术特点

单面焊双面成形技术，是锅炉、压力容器、压力管道焊工应熟练掌握的操作技能，也是在某些重要焊接结构制造过程中，既要求焊透而又无法在背面进行清根和重新焊接所必须采用的焊接技术。当在坡口正面用普通焊条焊接时，就会在坡口的正、背两面都能得到均匀整齐、成形良好、符合质量要求的焊缝，这种特殊的焊接操作被称为单面焊双面成形。

在单面焊双面成形过程中，应牢记"眼精、手稳、心静、气匀"8个字。

2. 焊前准备

（1）焊机。

（2）焊条。

（3）焊件。

（4）辅助工具和量具。

3. 焊前装配定位及焊接

平焊Y形坡口试板，如图2-26a所示。

（1）准备试板。打磨机油、污、锈、垢，修磨坡口钝边，使钝边尺寸保持在0.5~1.5mm，用划针划上与坡口边缘平行的平行线，如图2-26b所示。并打上样冲眼。

（2）试板装配。装配成Y形坡口的对接接头，装配间隙始焊端为3.2mm，终焊端为4mm。装配好试件后，在焊缝的始焊端和终焊端20mm内，用φ3.2mm的E4303焊条定位焊接，定位焊缝长为 10~15mm，对定位焊焊缝质量要求与正式焊接一样，如图 2-26c 所示。

（3）反变形。12~16mm 试板焊接时，变形角控制在 3°以内。检验反变形角，如图 2-26d 所示。

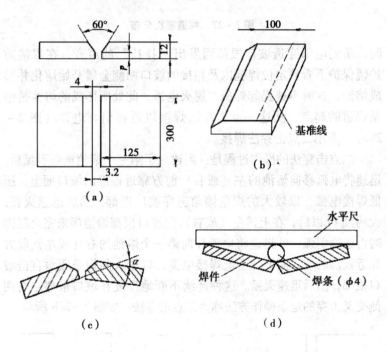

图 2-26 平焊 Y 形坡口试板的装配

a. Y 形坡口对接焊试板；b. 划基准线；c. 试板装配；d. 检验反变形角

（4）焊接操作。焊缝层次分布如图 2-27 所示。

①打底层的断弧焊：焊条直径为 φ3.2mm，焊接电流为 95~105A。焊接从始焊端开始，首先在始焊端定位焊缝上引弧，然后将电弧移至待焊处，以弧长 3.2~4mm 在该处来回摆动 2~3 次进行预热，预热后立即压低电弧（弧长约 2mm），约 1s 的时

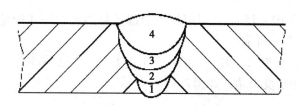

图 2-27　焊缝层次分布

间，听到电弧穿透坡口根部而发出"扑扑"的声音，在焊接防护镜保护下看到定位焊缝以及相接的坡口两侧金属开始熔化并形成熔池，这时迅速提起焊条、熄灭电弧。此处所形成的熔池是整条焊道的起点，从这一点击穿法焊接以后再引燃电弧（图 2-28a），采用二点击穿法焊接。

二点击穿法的操作过程是：当建立了第一个熔池重新引弧后，迅速将电弧移向熔池的左（或右）前方靠近根部的坡口面上，压低焊接电弧，以较大的焊条倾角击穿坡口根部，然后迅速灭弧，大约经 1s 以后，在上述左（或右）侧坡口根部熔池尚未完全凝固时再迅速引弧，并迅速将电弧移向第一个熔池的右（或左）前方靠近根部的坡口面上，压低焊接电弧，以较大的焊条倾角直击坡口根部，然后迅速灭弧。这种连续不断地反复在坡口根部左右两侧交叉击穿的运条操作方法称为二点击穿法，如图 2-28b 所示。

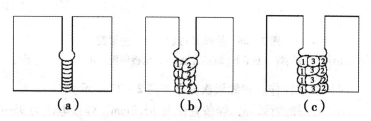

图 2-28　平焊位置断弧焊操作方法
a. 一点击穿法；b. 二点击穿法；c. 三点击穿法

平焊位置焊条电弧焊的焊接参数，见表2-3。

表2-3　平焊位置焊条电弧焊的焊接参数

焊层	焊条直径 （mm）	焊接电流（A）	
		J422 焊条	
打底层	φ3.2	95~110	断弧焊、二点击穿法　断弧频率： 45~55 次/min
填充层	φ4	175~190	连弧焊
盖面层	φ4	170~185	连弧焊

断弧焊法每引燃、熄灭电弧一次，完成一个焊点的焊接，其节奏控制在每分钟灭弧45~55次，焊工根据坡口根部熔化程度、控制电弧的灭弧频率。断弧焊过程中，每个焊点与前一个焊点重叠2/3，所以，每个焊点只使焊道前进1~1.5mm/s，打底层焊道正面，背面焊缝高度控制在2mm左右。

更换焊条：当焊条长度在50~60mm长时，需要做更换焊条的准备。此时迅速压低电弧，向焊接熔池边缘连续过渡几个熔滴，以便使背面熔池饱满，防止形成冷缩孔，然后迅速更换焊条，并在图2-29①的位置引燃电弧。以普通焊速沿焊道将电弧移到焊缝末尾焊的2/3处②的位置，在该处以长弧摆动两个来回，（电弧经③位置→④位置→⑤位置→⑥位置）。看到被加热的金属有了"出汗"的现象之后，在⑦位置压低电弧并停留1~2s，待末尾焊点重熔并听到"扑、扑"两声之后，迅速将电弧沿坡口的侧后方拉长电弧熄弧，更换焊条操作结束。更换焊条时电弧移动轨迹，如图2-29所示。

断弧击穿法在操作中要注意3个要点：一是灭弧的动作一定要迅速，动作稍有迟疑，即可造成熔孔过大，背面熔池下塌，甚至烧穿。二是击穿的位置要准确无误，这样背面的焊道焊波均匀、密实。三是电弧击穿根部时，穿过背面的电弧不可过长，穿

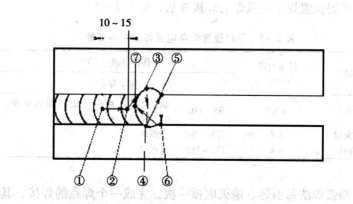

图 2 - 29　更换焊条时电弧的移动轨迹

过的电弧过长，说明熔孔过大，导致熔池下塌或烧穿，穿过的电弧过短，说明熔孔过小，容易造成未焊透。因此背面以穿过 1/3 电弧长为好。

②填充层的焊接：焊条直径为 4mm，焊条与焊接方向夹角为 80°~85°，电弧长度控制在 3~4mm，层间焊完后，用角向打磨机仔细清渣，焊完后，应离试板表面约 1.5mm。

③盖面层的施焊：盖面层焊接用 φ4mm 焊条，焊接电流为 170~180A，焊条与焊接方向夹角为 75°~80°。焊接过程中，电弧的 1/3 弧柱应将坡口边缘熔合 1~1.5mm，摆动焊条时，要使电弧在坡口边缘稍作停留，待液体金属饱满后，再运至另一侧，以避免焊趾处产生咬边。

4. **焊缝清理**

用敲渣锤清除焊渣，用钢丝刷进一步将焊渣、焊接飞溅等清除干净。

5. **焊缝质量检查**

按国质检锅〔2002〕109 号评定。

（1）焊缝外形尺寸。焊缝余高 0～3mm，焊缝余高差≤2mm，焊缝宽度（比坡口每侧增宽 0.5～2.5mm），宽度差≤3mm。

（2）焊缝表面缺陷。咬边深度≤0.5mm，焊缝两侧咬边总长不得超过 30mm。背面凹坑，凹坑深度≤2mm，总长度＜30mm。焊缝表面不得有裂纹、未熔合、夹渣、气孔、焊瘤和未焊透。

（3）焊件变形。焊件（试板）焊后变形角度 θ≤3°，错边量≤2mm。

（4）焊缝内部质量。焊缝经 JB 4730—1994《压力容器无损检测》标准检测，射线透照质量不低于 A、B 级，焊缝缺陷等级不低于Ⅱ级。

实例 2 低碳钢板 T 形接头的平角焊

1. 焊前准备
（1）焊机。
（2）焊条。
（3）焊件。
（4）辅助工具和量具。

2. 焊前装配定位
T 形接头平角焊焊前装配，如图 2－30a 所示。定位焊位置，如图 2－30b 所示。

3. 焊接操作
T 形接头的单层平角焊。
单层角焊焊接参数，见表 2－4。T 形接头平角焊的焊条角度，如图 2－31 所示。

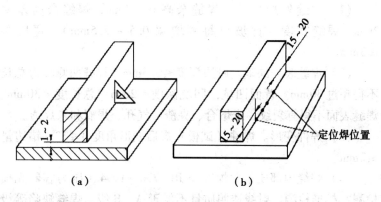

（a）　　　　　　　　　　（b）

图 2 - 30　T 形接头平角焊的装配、定位焊

a. 装配；b. 定位焊

表 2 - 4　单层角焊缝的焊接参数

焊脚尺寸 （mm）	3		4		5 ~ 6		7 ~ 8	
焊条直径 （mm）	3.2	3.2	4	4	5	4	5	
焊接电流 （A）	110 ~ 120	110 ~ 120	160 ~ 180	160 ~ 180	200 ~ 220	160 ~ 180	200 ~ 220	

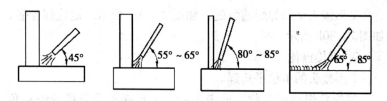

图 2 - 31　T 形接头平角焊的焊条角度

T 形接头平角焊的斜圆环形运条法，如图 2 - 32 所示。

4. **焊缝清理**

用敲渣锤清除焊渣，用钢丝刷进一步将焊渣、焊接飞溅等清

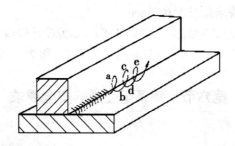

图 2-32 T 形接头平角焊的斜圆环形运条法

除干净，焊缝处于原始状态。

5. 焊缝质量检查

按 JB/T 7949—1999《钢结构焊缝外形尺寸》和 GB/T 12469—1990《钢熔化焊接接头的要求和缺陷分级》为依据，焊缝允许Ⅲ级缺陷：

焊脚尺寸 K 值的偏差：6_0^{+3} mm。

未焊满（不满足设计要求）：≤1mm，且 100mm 焊缝内缺陷总长≤25mm。

咬边：≤0.5mm，连续长度≤100mm，且焊缝两侧咬边总长≤10%焊缝全长（≤40mm）。

裂纹：不允许。

弧坑裂纹：不允许。

电弧划伤：不允许。

焊缝接头不良：缺口深度≤0.5mm，每米长的焊缝不得超过1处。

焊瘤：不允许。

表面夹渣：深≤0.1δ（1.2mm）；长≤0.3δ 且≤10mm。

表面气孔：每 50mm 焊缝长度内允许直径≤2mm 的气孔 2 个；表面气孔间距≥6 倍气孔直径。

角焊缝厚度不足（按设计焊缝厚度计）：≤1mm，每 100mm

焊缝长度内缺陷总长度≤25mm。

角焊缝焊脚不对称：≤2a＋1.5a（a 为设计焊缝有效厚度）。

内部缺陷：按 GB/T 3323—1987 规定 Ⅱ 级为合格。

第六节　焊条电弧焊的安全要求

一、电焊机

（1）电焊机必须符合现行有关焊机标准规定的安全要求。

（2）电焊机的工作环境应与焊机技术说明书上的规定相符。特殊环境条件下，如在气温过低或过高、湿度过大、气压过低以及在腐蚀性或爆炸性等特殊环境中作业，应使用适合特殊环境条件性能的电焊机，或采取必要的防护措施。

（3）防止电焊机受到碰撞或剧烈振动（特别是整流式焊机）。室外使用的电焊机必须有防雨雪的防护设施。

（4）电焊机必须装有独立的专用电源开关，其容量应符合要求。当焊机超负荷时，应能自动切断电源。禁止多台焊机共用一个电源开关。

①电源控制装置应装在电焊机附近人手便于操作的地方，周围留有安全通道。

②采用启动器启动的焊机，必须先合上电源开关，再启动焊机。

③焊机的一次电源线，长度一般不宜超过 2～3m，当有临时任务需要较长的电源线时，应沿墙或立柱用瓷瓶隔离布设，其高度必须距地面 2.5m 以上，不允许将电源线拖在地面上。

（5）电焊机外露的带电部分应设有完好的防护（隔离）装置，电焊机裸露接线柱必须设有防护罩。

（6）使用插头插座连接的焊机，插销孔的接线端应用绝缘板隔离，并装在绝缘板平面内。

（7）禁止用连接建筑物金属构架和设备等作为焊接电源回路。

（8）电弧焊机的安全使用和维护。

①接入电源网路的电焊机不允许超负荷使用。焊机运行时的温升，不应超过标准规定的温升限值。

②必须将电焊机平稳地安放在通风良好、干燥的地方，不准靠近高热及易燃易爆危险的环境。

③要特别注意对整流式弧焊机硅整流器的保护和冷却。

④禁止在焊机上放置任何物件和工具，启动电焊机前。焊钳与焊件不能短路。

⑤采用连接片改变焊接电流的焊机，调节焊接电流前应先切断电源。

⑥电焊机必须经常保持清洁。清扫尘埃时必须断电进行。焊接现场有腐蚀性、导电性气体或粉尘时，必须对电焊机进行隔离防护。

⑦电焊机受潮，应当用人工方法进行干燥。受潮严重的，必须进行检修。

⑧每半年应进行一次电焊机维修保养。当发生故障时，应立即切断焊机电源，及时进行检修。

⑨经常检查和保持焊机电缆与电焊机的接线柱接触良好，保持螺帽紧固。

⑩工作完毕或临时离开工作场地时，必须及时切断焊机电源。

（9）电焊机的接地。

①各种电焊机（交流、直流）、电阻焊机等设备或外壳、电气控制箱、焊机组等，都应按现行（SDJ）《电力设备接地设计技术规程》的要求接地，防止触电事故。

②焊机的接地装置必须经常保持连接良好，定期检测接地系统的电气性能。

③禁用氧气管道和乙炔管道等易燃易爆气体管道作为接地装置的自然接地极，防止由于产生电阻热或引弧时冲击电流的作用，产生火花而引爆。

④电焊机组或集装箱式电焊设备都应安装接地装置。

⑤专用的焊接工作台架应与接地装置连接。

（10）为保护设备安全，又能在一定程度上保护人身安全，应装设熔断器、断路器（又称过载保护开关）、触电保安器（也叫漏电开关）。当电焊机的空载电压较高，而又在有触电危险的场所作业时，则对焊机必须采用空载自动断电装置。当焊接引弧时电源开关自动闭合，停止焊接、更换焊条时，电源开关自动断开。这种装置不仅能避免空载时的触电，也减少了设备空载时的电能损耗。

（11）不倚靠带电焊件。身体出汗而衣服潮湿时，不得靠在带电的焊件上施焊。

二、焊接电缆

（1）焊机用的软电缆线应采用多股细铜线电缆，其截面要求应根据焊接需要载流量和长度，按焊机配用电缆标准的规定选用。电缆应轻便柔软，能任意弯曲或扭转，便于操作。

（2）电缆外皮必须完整、绝缘良好、柔软，绝缘电阻不得小于1MΩ，电缆外皮破损时应及时修补完好。

（3）连接焊机与焊钳必须使用软电缆线，长度一般不宜超过20~30m。截面积应根据焊接电流的大小来选取，以保证电缆不致过热而损伤绝缘层。

（4）焊机的电缆线应使用整根导线，中间不应有连接接头。当工作需要接长导线时，应使用接头连接器牢固连接，连接处应保持绝缘良好，而且接头不要超过 2 个。

（5）焊接电缆线要横过马路或通道时，必须采取保护套等保护措施，严禁搭在气瓶、乙炔发生器或其他易燃物品的容器的材料上。

（6）禁止利用厂房的金属结构、轨道、管道、暖气设施或其他金属物体搭接起来作电焊导线电缆。

（7）禁止焊接电缆与油脂等易燃物料接触。

三、电焊钳

（1）电焊钳必须有良好的绝缘性与隔热能力，手柄要有良好的绝缘层。

（2）焊钳的导电部分应采用紫铜材料制成。焊钳与电焊电缆的连接应简便牢靠，接触良好。

（3）焊条在位于水平 45°、90°等方向时焊钳应都能夹紧焊条，并保证更换焊条安全方便。

（4）电焊钳应保证操作灵便、焊钳重量不得超过 600g。

（5）禁止将过热的焊钳浸在水中冷却后立即继续使用。

（6）焊接场所应有通风除尘设施，防止焊接烟尘和有害气体对焊工造成危害。

（7）焊接作业人员应按 LD/T 75—1995《劳动防护用品分类与代码》选用个人防护用品和合乎作业条件的遮光镜片和面罩。

（8）焊接作业时，应满足防火要求，可燃、易燃物料与焊接作业点火源距离不应小于 10m。

第三章 气焊与气割

第一节 气焊与气割的原理与应用

一、气焊与气割用气体

1. 氧气

氧气本身不能自燃,但它是一种化学性质极为活跃的助燃气体,属于强氧化剂,其氧化反应的能力是随着氧气压力的增大和温度的升高而显著增强,如高压氧与油脂等易燃物质接触,就会发生激烈的氧化反应而迅速燃烧,甚至爆炸。在气焊、气割时,氧气的消耗量比乙炔大;在容器、管道、锅炉、船舱、室内及坑道内严禁为了改善通风效果而对局部焊接部位使用氧气进行通风换气。

2. 乙炔

乙炔,俗称电石气。乙炔与空气混合燃烧时,火焰温度可达 2 350℃,与氧气混合燃烧时,火焰温度可达 3 100 ~ 3 300℃。

3. 氢气

在空气中的自燃点为 560℃,在氧气中的自燃点为 450℃,是一种极危险的易燃易爆气体。氢气与空气混合其爆炸极限为 4% ~ 80%,氢气与氧气混合其爆炸极限为 4.65% ~ 93.9%。

氢气极易泄漏,其泄漏速度是空气的 2 倍,氢气一旦从气瓶或导管中泄漏被引燃,将会使周围的人员遭受严重烧伤。

4. 液化石油气

液化石油气是油田开发或炼油工业中的副产品，它有一定的毒性。液化石油气中，当体积分数为 2%～10% 的丙烷与空气混合就会发生爆炸，与氧气混合的爆炸极限为 3.2%～64%。

采用液化石油气替代乙炔后，消耗的氧气量较多，所以，不能直接用氧乙炔焊（割）炬进行焊（割）工作，必须对原有的焊（割）炬进行改造。

二、气焊的基本原理

气焊是利用气体火焰为热源的一种焊接方法。气焊所用的可燃气体很多，有乙炔、氢气、液化石油气、煤气等，而最常用的是乙炔气。乙炔气的发热量大，燃烧温度高，制造方便，使用安全，焊接时火焰对金属的影响最小，火焰温度高达 3 100～3 300℃。氧气作为助燃气，其纯度越高，耗气越少。因此，气焊也称为氧—乙炔焊。

三、气割原理

气割是利用可燃气体（乙炔气）与助燃气体（氧气），在割炬内进行混合，使混合气体发生剧烈燃烧，利用燃烧所放出的热量将工件切割处预热到燃烧温度后，喷出高速切割氧流，使切口处金属剧烈燃烧，并将燃烧后的金属氧化物吹除，实现工件分离的方法。

四、气焊与气割的特点及应用

1. 气焊工艺的特点

优点：设备简单，移动方便，特别是在没有电源的地方仍可用气焊进行预热和施焊。焊接熔池的温度较易控制，所以，在焊接较薄、较小的工件时，不会像焊条电弧焊那样容易被烧穿。通用性强。

缺点：火焰温度低，热量分散，加热面积较大，焊接接头的热影响区宽，因此，焊件变形大，晶粒较粗，焊接接头的综合力学性能较差，生产效率较低。

2. 气割工艺的特点

设备简单，操作方便，生产效率高，成本低，并能在各种位置进行切割，能在钢板上切割各种形状复杂的零件。

气焊及气割技术在现代工业上的用途非常广泛。在各工业部门中，特别是在机械、锅炉、压力容器、管道、电力、造船及金属结构制造方面，得到了广泛应用。

第二节 气焊与气割设备及工具

一、气焊与气割设备

1. 氧气瓶

氧气瓶是一种贮存和运输氧气用的高压容器。国内常用氧气瓶的充装压力为 15MPa，容积为 40L。在 15MPa 的压力下，可贮存 $6m^3$ 氧气。氧气瓶外表面涂成天蓝色，并写有黑色"氧气"字样。

2. 乙炔气瓶

乙炔气瓶是一种贮存和运输乙炔的容器，其构造，如图 3 - 1 所示。

溶解乙炔瓶的外表涂成白色，并醒目地标有红色的"乙炔"和"不可近火"字样。溶解乙炔瓶中的乙炔不能用完，气瓶中的剩余压力应符合表 3 - 1 的规定。

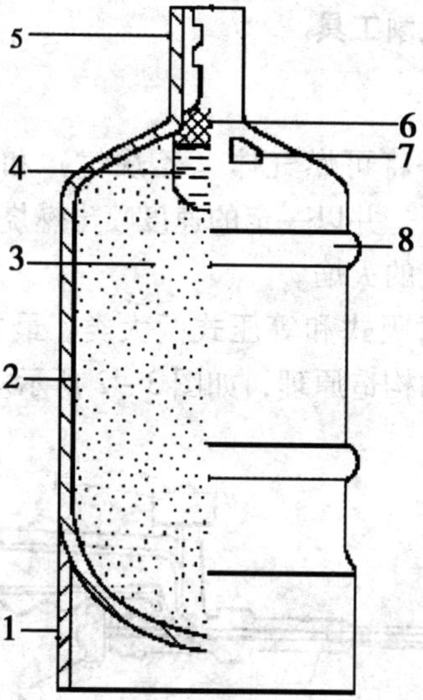

图 3-1　乙炔气瓶的构造

1. 瓶座；2. 瓶壁；3. 多孔性填料；4. 石棉；
5. 瓶帽；6. 过滤网；7. 压力表；8. 防振橡胶圈

表 3-1　溶解乙炔瓶的剩余压力值

环境温度（℃）	瓶内压力值（MPa）
-5 ~ 0	≥0.05
0 ~ 15	≥0.1
15 ~ 25	≥0.2
25 ~ 35	≥0.3

3. 液化石油气瓶

常用液化石油气钢瓶有 YSP-10 型（能充装 10kg）和 YSP-15 型（能充装 15kg）两种。钢瓶表面涂灰色，并有红色的“液化石油气”字样。

二、气焊与气割工具

1. 焊炬

焊炬的作用是将可燃气体（乙炔气）和助燃气体（氧气）按一定的比例混合，并以一定的速度喷出燃烧，产生适合于焊接要求的、稳定燃烧的火焰。

焊炬可分为射吸式和等压式两大类。最常用的焊炬为射吸式。射吸式焊炬的构造原理，如图3-2所示。

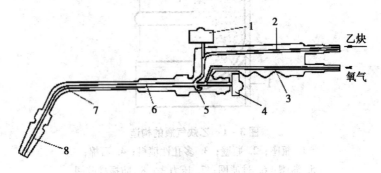

图3-2 射吸式焊炬的构造原理
1. 乙炔调节阀；2. 乙炔管；3. 氧气管；4. 氧气调节阀；
5. 喷嘴；6. 射吸管；7. 混合气管；8. 焊嘴

射吸式焊炬的工作原理：打开氧气调节阀4，氧气即从喷嘴口快速射出，并在喷嘴5外围造成负压（吸力）；再打开乙炔调节阀1，乙炔气即聚集在喷嘴的外围。由于氧射流负压的作用，聚集在喷嘴外围的乙炔气很快被氧气吸出，并按一定的比例与氧气混合，经过射吸管6、混合气管7从焊嘴8喷出。点火后，经调节形成稳定的焊接火焰。

2. 割炬

割炬的作用是将可燃气体（乙炔）与助燃气体（氧气）以

一定的方式和比例混合，并以一定的速度喷出燃烧，形成具有一定热能和形状的预热火焰，并在预热火焰的中心喷射高压切割氧进行气割。

割炬可分为射吸式和等压式两大类。最常用的割炬为射吸式。

射吸式割炬的工作原理：射吸式割炬是在射吸式焊炬基础上，增加了切割氧的气路、切割氧调节阀及割嘴而构成的。气割时，先打开氧气调节阀4，氧气即从喷嘴口快速射出，并在喷嘴6外围造成负压（吸力）；再打开乙炔调节阀3，乙炔气即聚集在喷嘴的外围。由于氧射流负压的作用，聚集在喷嘴外围的乙炔很快被氧气吸出，并按一定的比例与氧气混合，经过射吸管7、混合气8从割嘴10喷出。点火后，经调节形成稳定的环形预热火焰，对割件进行预热。待割件预热到燃点时，开启高压氧气阀，此时高速氧气流将切口处的金属氧化并吹除，随着割炬的移动即在割件上形成切口。射吸式割炬的构造原理，如图3-3所示。

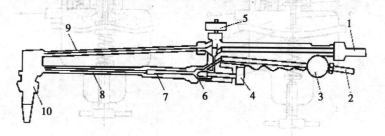

图3-3 射吸式割炬的构造原理

1. 氧气进口；2. 乙炔进口；3. 乙炔调节阀；4. 氧气调节阀；5. 高压氧气阀；6. 喷嘴；7. 射吸管；8. 混合气管；9. 高压氧气管；10. 割嘴

3. 减压器

（1）减压器的作用是把贮存在瓶内的高压气体降为工作需要的低压气体，并保持输出气体的压力和流量稳定，以便使用。

（2）减压器按工作气体分有氧气用、乙炔气用和液化石油气用等；按使用情况和输送能力不同，可分为集中式和岗位式两类；按构造和作用分有杠杆式和弹簧式；弹簧式减压器又分为正作用式和反作用式两类；按减压次数又分为单级式和双级式两类。

目前，国产的减压器主要是单级反作用式和双级混合式。

各种结构形式的减压简介。

①QD－1 型氧气减压器。QD－1 型减压器的构造，见图 3－4。高压氧气表的规格是 0～25MPa，低压氧气表的规格是 0～4MPa。

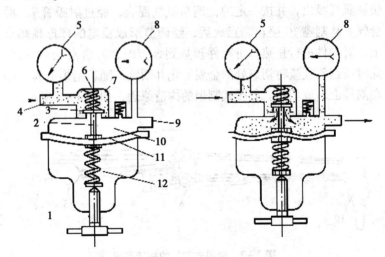

图 3－4　QD－1 型减压器的构造

1. 调压螺钉；2. 活门顶杆；3. 减压活门；4. 进气口；5. 高压表；
6. 副弹簧；7. 高压气室；8. 低压表；9. 出气口；10. 低压气室；
11. 弹簧薄膜；12. 调压弹簧

②QD－20 型单级乙炔减压器。QD－20 型单级乙炔减压器其构造和工作原理基本上与单级氧气减压器相似。乙炔减压器的本

体上装有 0～2.5MPa 的高压乙炔表和 0～0.25MPa 的低压乙炔表。乙炔减压器的外壳涂成白色，在减压器的压力表上有指示该压力表最大许可工作压力的红线，以便使用时严格控制。

③QW5－25/0.6 型单级丙烷减压器。QW5－25/0.6 型单级丙烷减压器其结构，如图 3－5 所示。液化石油气减压器外壳涂成灰色。

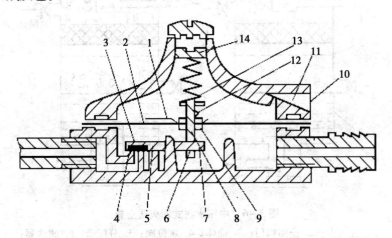

图 3－5　液化石油气减压器结构

1. 压隔膜金属片；2. 橡胶隔膜；3. 阀垫；4. 喷嘴；5. 支柱轴；6. 滚柱；
7. 横阀杆；8. 纵阀杆；9. 溢流阀座；10. 网；11. 安全孔；
12. 溢流阀弹簧；13. 调压弹簧；14. 调整帽

4. 回火防止器

回火是指在气焊和气割工艺中，燃烧的火焰进入喷嘴内逆向燃烧的现象。这种现象有两种情况：逆火、回烧。

（1）回火防止器按乙炔压力不同可分为低压式和中压式两种。

（2）按作用原理可分为水封式和干式两种。

（3）按装置的部位不同可分为集中式和岗位式两种。

① 中压（封闭式）水封回火防止器（图 3-6）。

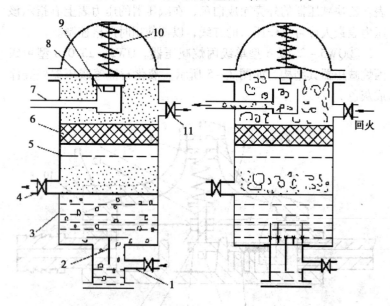

图 3-6　中压水封式回火防止器

1. 进气管；2. 止回阀门；3. 桶体；4. 水位阀；5. 分配盘；6. 滤清器；
7. 排气口；8. 弹簧片；9. 排气阀门；10. 弹簧；11. 出口阀

② 中压防爆膜干式回火防止器（图 3-7）。

5. 压力表

压力表是用来测量和表示氧气瓶、乙炔气瓶内部压力的装置。

6. 橡胶软管

氧气管为黑色，乙炔管为红色。氧气橡胶软管的工作压力为 1.5MPa，试验压力为 3.0MPa；乙炔橡胶软管的工作压力为 0.5MPa。通常氧气橡胶软管的内径为 8mm，乙炔橡胶软管的内径为 10mm。根据标准规定，氧气橡胶软管为黑色，乙炔橡胶软

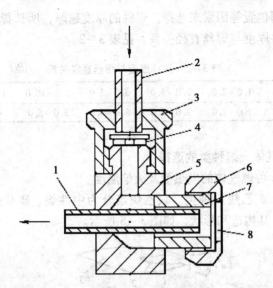

图 3 – 7　中压防爆膜干式回火防止器的结构原理
1. 出气管；2. 进气管；3. 盖；4. 逆止阀；5. 阀体；
6. 膜盖；7. 膜座；8. 防爆膜

管为红色。

　　使用橡胶软管应注意不得使其沾染油脂；并要防止机械损伤
和外界挤压伤，注意烫伤。

第三节　气焊工艺及技术

一、气焊参数的选择

　　气焊参数主要包括焊丝直径、火焰种类、火焰能率、焊嘴倾
斜角度、焊丝倾角和焊接速度等。

1. 焊丝直径的选择

　　焊丝直径主要根据焊件的厚度、焊接接头的坡口形式以及焊

缝的空间位置等因素来选择。焊件的厚度越厚，所选择的焊丝越粗。焊件厚度与焊丝直径关系，见表3－2。

表3－2　焊件厚度与焊丝直径关系　（单位：mm）

焊件厚度	1.0~2.0	2.0~3.0	3.0~5.0	5.0~10.0	10.0~15.0
焊丝直径	1.0~2.0	2.0~3.0	3.0~4.0	3.0~5.0	4.0~6.0

2. 气体火焰种类的选择

（1）可燃气体的发热量及火焰温度。

（2）氧乙炔焰种类。氧乙炔焰分为中性焰、碳化焰和氧化焰3种，其构造和形状，如图3－8所示。

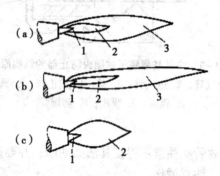

图3－8　氧乙炔焰的构造和形状
（a）中性焰；（b）碳化焰；（c）氧化焰；1. 焰芯；2. 内焰；3. 外焰

①中性焰：一次燃烧区内既无过剩氧又无游离碳的火焰称为中性焰。中性焰由焰芯、内焰和外焰3部分组成，见图3－8a。

焰芯中性焰的焰芯呈光亮蓝白色圆锥形，轮廓清楚，温度为800~1 200℃。焰芯之外为内焰，内焰的颜色较暗，呈蓝白色，有深蓝色线条。在焰芯前2~4mm处温度最高，可达3 050~3 150℃。此区称为焊接区，又称为还原区。内焰的外面是外焰。外焰颜色由里向外逐渐由淡紫色变成橙黄色。外焰具有氧化性，

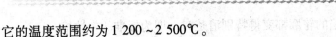

它的温度范围约为 1 200 ~ 2 500℃。

②碳化焰：这种火焰明显分为焰心、内焰和外焰三部分，见图 3 - 8b。

碳化焰的焰芯较长，呈蓝白色，内焰呈淡蓝色，外焰带橘红色。碳化焰三层火焰之间无明显的轮廓。最高温度为 2 700 ~ 3 000℃。碳化焰也称为还原焰。用碳化焰焊接高碳钢、铸铁及硬质合金等材料。

③氧化焰：焰芯、内焰和外焰都缩短，而且内焰和外焰的层次极为不清，把氧化焰看作是由焰芯和外焰两部分组成，见图 3 - 8c。

氧化焰的焰芯呈淡紫蓝色，轮廓也不太明显，内焰和外焰呈蓝紫色。氧化焰的最高温度为 3 100 ~ 3 300℃，整个火焰具有氧化性。这种火焰焊接时较少使用，由于氧化焰温度高，在火焰加热和气割时，也常使用氧化焰。

火焰种类的选择，见表 3 - 3。

表 3 - 3　焊接火焰种类的选择

母材	应用火焰	母材	应用火焰
低碳钢	中性焰	铬不锈钢	中性焰或轻微碳化焰
中碳钢	中性焰	铬镍不锈钢	中性焰
低合金钢	中性焰	纯铜	中性焰
高碳钢	轻微碳化焰	黄铜	轻微氧化焰
锰钢	轻微氧化焰	锡青铜	轻微氧化焰
灰铸铁	碳化焰或轻微碳化焰	铝及铝合金	中性焰或轻微碳化焰
镀锌铁板	轻微氧化焰	铅、锡	中性焰或轻微碳化焰

a. 中性焰的调节　当焊炬点燃后，逐渐开大氧气调节阀，此时，火焰由长变短，火焰颜色由橘红色变为蓝白色，焰芯、内

焰及外焰的轮廓都变得特别清楚时，即为标准的中性焰。

　　b. 碳化焰的调节　　在中性焰的基础上，减少氧气或增加乙炔均可得到碳化焰。

　　c. 氧化焰的调节　　在中性焰的基础上，逐渐增加氧气，这时整个火焰将缩短，当听到有"嗖、嗖"的响声时便是氧化焰。

　　3. 火焰能率选择

　　气焊火焰的能率是按每小时混合气体消耗量（L/h）来表示的。

　　在焊接厚大焊件、熔点较高的金属材料及导热性好的材料时（如铜、铝及其合金），要选用较大的焊炬型号及焊嘴号码，即选用较大的火焰能率。焊接薄小焊件、熔点较低且导热性差的金属材料时，要选用较小的焊炬型号及焊嘴号码，即选用较小的火焰能率。平焊时可选用稍大一些的火焰能率，以提高生产率；立焊、横焊、仰焊时火焰能率要适当减少，以免熔滴下坠造成焊瘤。

　　4. 焊嘴倾斜角度

　　焊嘴的倾斜角度是指焊嘴的中心线与焊件平面间的夹角。焊件越厚，焊嘴的倾斜角应越大。焊件越薄，焊嘴的倾斜角越小。如果焊嘴选用大一些，焊炬的倾斜角可小一些；如果焊炬选得小一些，焊炬的倾斜角可大一些。

　　5. 焊丝倾角

　　焊丝倾角与焊件厚度、焊嘴倾角有关。当焊件厚度大时，焊嘴倾斜度也大，则焊丝的倾斜度小。当焊件厚度小时，焊嘴倾斜度也小，则焊丝的倾斜度大。焊丝倾角一般为30°~40°。

　　6. 焊接速度

　　根据不同焊件结构、焊件材料、焊件材料的热导率来正确地选择焊接速度。对厚度大、熔点高的焊件，焊接速度要慢些。对厚度小、熔点低的焊件，焊接速度要快些。在保证焊接质量的前提下，焊接速度应尽量快，以提高焊接生产率。

二、气焊的基本操作技术

1. 焊缝的起焊

气焊在起焊时，由于焊件温度低，焊嘴倾斜角应大些，这样有利于焊件预热。同时，气焊火焰在起焊部位应往复移动，以便起焊处加热均匀。当起焊点处形成白亮且清晰的熔池时，即可加入焊丝（或不加入焊丝），并向前移动焊嘴进行焊接。

2. 左焊法和右焊法

气焊操作时，分为左焊法和右焊法，如图3-9所示。

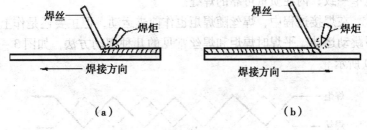

图3-9　左焊法和右焊法示意图

a. 左焊法；b. 右焊法

（1）左焊法。左焊法是指焊接热源从接头的右端向左端移动，并指向待焊部分的操作方法，见图3-9a。

（2）右焊法。右焊法是指焊接热源从接头的左端向右端移动，并指向已焊部分的操作方法，见图3-9b。

3. 焊丝的填充

在整个焊接过程中，为获得外观漂亮、内部无缺陷的焊缝，气焊工要观察熔池的形状，尽力使熔池的形状和大小保持一致。而且要将焊丝末端置于外层火焰下进行预热。焊件预热至白亮且出现清晰的熔池后，将焊丝熔滴送入熔池，并立即将焊丝抬起，让火焰继续向前移动，以便形成新的熔池，然后再继续向熔池加入焊丝，如此循环，即形成焊缝。

4. 焊炬和焊丝的摆动

焊炬摆动基本上有3个动作。

（1）沿焊接方向作前进运动，不断地熔化焊件和焊丝形成焊缝。

（2）在垂直于焊缝的方向作上下跳动，以便调节熔池的温度，防止烧穿。

（3）横向摆动，主要是使焊件坡口边缘能很好地熔化，控制熔化金属的流动，防止焊缝产生过热或烧穿等缺陷，从而得到宽窄一致、内在质量可靠的焊缝。

在焊接过程中，焊丝随焊炬也作前进运动，但主要还是作上下跳动运动。平焊时焊炬和焊丝常见的几种摆动方法，如图3-10所示。

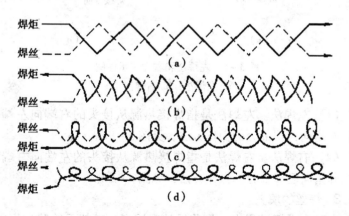

图3-10　焊炬与焊丝的摆动方法

5. 焊缝接头

在焊接过程中，更换焊丝停顿或某种原因中途停顿再继续焊接处称为接头。在焊接接头时，应当用火焰将原熔池周围充分加热，将已冷却的熔池重新熔化，形成新的熔池后，即可加入焊丝。在焊接重要焊件时，接头处必须与原焊缝重叠 8~10mm。

6. 焊缝收尾

当一条焊缝焊接至终点，结束焊接的过程称为收尾。减小焊炬的倾斜角，加快焊接速度，并多加入一些焊丝，可用温度较低的外焰保护熔池，直至将终点熔池填满，火焰才可缓慢离开熔池。气焊收尾时要做到焊炬倾角小、焊接速度快，填充焊丝多，熔池要填满。

第四节　气割工艺技术

一、气割参数的选择

气割参数主要包括切割氧压力、预热火焰能率、割嘴与被割工件表面距离、割嘴与被割工件表面倾斜角和切割速度等。

1. 切割氧压力

一般情况下，焊件越厚，所选择的割炬型号、割嘴号码较大，要求切割氧压力也越大；焊件较薄时，所选择的割炬型号、割嘴号码较小，则要求切割氧压力较低。

2. 预热火焰能率

焊件越厚，火焰能率应越大。所以，火焰能率主要是由割炬型号和割嘴号码决定的，割炬型号和割嘴号码越大，火焰能率也越大。预热火焰应采用中性焰。

3. 割嘴与被割工件表面的距离

割嘴与被割工件表面的距离应根据工件的厚度而定，一般情况下火焰焰芯至割件表面的距离应控制在 3~5mm。

4. 割嘴与被割工件表面的倾斜角

主要根据工件厚度而定。切割 30mm 以下厚度钢板时，割嘴可后倾 20°～30°。切割大于 30mm 厚钢板时，开始气割时应将割嘴向前倾斜 5°～10°；待全部厚度割透后再将割嘴垂直于工件；当快割完时，割嘴应逐渐向后倾斜 5°～10°。割嘴的倾斜角与工件厚度的关系，如图 3-11 所示。

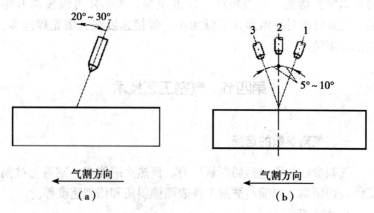

图 3-11　割嘴与被割工件表面的倾斜角
a. 厚度 30mm 以下时；b. 厚度大于 30mm 时

5. 切割速度

切割速度与工件厚度和使用的割嘴形状有关。工件越厚，切割速度越慢；反之工件越薄，气割速度应越快。

二、常用型材的气割基本操作技术

1. 角钢的气割方法

气割角钢厚度在 5mm 以下时，采用一次气割完成。可将角钢两边着地放置，先割一面时，将割嘴与角钢表面垂直。气割到角钢中间转向另一面时，将割嘴与角钢另一表面倾斜 20°左右，直至角钢被割断，如图 3-12 所示。

　　气割角钢厚度在 5mm 以上时，最好也采用一次气割。把角钢一面着地，先割水平面，割至中间角时，割嘴就停止移动，割嘴由垂直转为水平再往上移动，直至把垂直面割断，如图 3-13 所示。

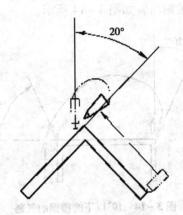

图 3-12　5mm 以下角钢的气割方法

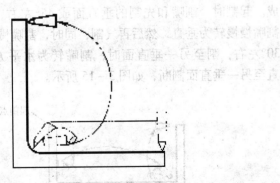

图 3-13　5mm 以上角钢的气割方法

2. 槽钢的气割方法

气割 10# 以下的槽钢时，用一次气割完成。先割垂直面时，割嘴可和垂直面成 90°，当要割至垂直面和水平面的顶角时，割嘴就慢慢转为和水平面成 45° 左右，然后再气割，当将要割至水平面和另一垂直面的顶角时，割嘴慢慢转为与另一垂直面成 20° 左右，直至槽钢被割断，如图 3 – 14 所示。

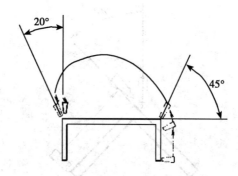

图 3 – 14　10# 以下的槽钢的气割

气割 10# 以上的槽钢时，把槽钢开口朝天放置，一次气割完成。起割时，割嘴和先割的垂直面成 45° 左右，割至水平面时，割嘴慢慢转为垂直，然后再气割，同时，割嘴慢慢转为往后倾斜 30° 左右，割至另一垂直面时，割嘴转为水平方向再往上移动，直至另一垂直面割断，如图 3 – 15 所示。

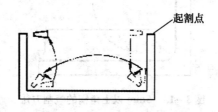

图 3 – 15　10# 以上的槽钢的气割

3. 工字钢的气割方法

气割工字钢时，一般都采用三次气割完成。先割两个垂直面，后割水平面。但三次气割断面不容易割齐，这就要求焊工在气割时力求割嘴垂直，如图 3-16 所示。

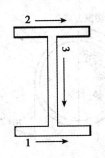

图 3-16 工字钢的气割

1、2、3. 气割工字钢的顺序

4. 圆钢的气割方法

气割圆钢时，要从侧面开始预热。开始气割时，在慢慢打开高压氧调节阀的同时，将割嘴慢慢转为与地面相垂直的方向。每个切口最好一次割完。如果圆钢直径较大，一次割不透，可以采用分瓣气割，如图 3-17 所示。

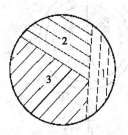

图 3-17 圆钢的气割

1、2、3. 气割圆钢的顺序

5. 滚动钢管的气割方法

气割可转动管子时，可以分段进行。一般直径较小的管子可分为 2~3 次割完，直径较大的管子分多次割完，但分段越少越好。如图 3 - 18 所示。

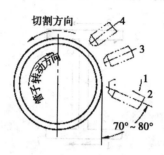

图 3 - 18　滚动钢管的气割

6. 水平固定管的气割方法

气割水平固定管时，从管子的底部开始，由下向上分两部分进行气割。如图 3 - 19 所示。

图 3 - 19　水平固定管的气割

第五节　气焊接头与气割的缺陷及防治措施

一、气焊接头的缺陷与防止措施

常见的气焊缺陷有焊缝尺寸不符合要求、咬边、烧穿、焊瘤、夹渣、未焊透、气孔和裂纹等。

1. 焊缝尺寸不符合要求

产生原因：工件坡口角度不当或装配间隙不均匀，火焰能率过大或过小，焊丝和焊炬的角度选择不合适和焊接速度不均匀。

防止方法：熟练地掌握气焊的基本操作技术，焊丝和焊炬的角度要配合好，焊接速度要力求均匀，选择适当的焊接火焰能率。

2. 咬边

咬边是指由于焊接参数选择不正确，或操作方法不正确沿着焊趾的母材部位产生的沟槽或凹槽。

产生原因：火焰能率过大，焊嘴倾斜角度不当，焊嘴与焊丝摆动不当等。

防止方法：火焰能率要适当，焊嘴与焊丝摆动要适宜。

3. 烧穿

在焊接过程中由于焊接参数选择不当，操作工艺不良或者焊件装配不好等原因造成熔化金属自坡口背面流出，形成的穿孔现象称为烧穿。

产生原因：火焰能率过大，焊接速度过慢，焊件装配间隙太大等。

防止方法：选择合适的火焰能率和焊接速度，焊件的装配间隙不应太大，且在整条焊缝上保持一致。

4. 焊瘤

在焊接过程中，熔化金属熔敷在未熔化的基本金属上所形成的金属瘤，称为焊瘤。

产生原因：火焰能率太高，焊接速度过慢，焊件装配间隙太大，焊丝和焊炬角度不当等。

防止方法：在进行立焊和横焊时火焰能率应比平焊时小一些，焊件装配间隙不能太大。

5. 夹渣

焊渣残留于焊缝金属中的现象称为夹渣。

产生原因：工件边缘未清除干净，火焰能率太小，熔化金属和熔渣所得到热量不足，流动性低，而且熔化金属凝固速度快，熔渣来不及浮出，焊丝和焊炬角度不当等。

防止方法：认真清除焊件边缘铁锈和油污，选择合适的火焰能率，注意熔渣的流动方向，随时调整焊丝和焊炬角度，使熔渣能顺利地浮出熔池。

6. 未焊透

焊接时接头根部未完全熔透的现象称为未焊透。

产生原因：接头的坡口角度小，焊件间隙过小或钝边过厚，火焰能率小或焊接速度过快。

防止方法：正确选用坡口形式和适当的焊件装配间隙，并清除掉坡口两侧污物，正确选择火焰能率，调整焊接速度。

7. 气孔

焊接熔池中的气体在焊缝金属凝固时未能来得及逸出，而残留在焊缝金属中所形成的空穴称为气孔。

产生原因：焊接接头周围的空气，气焊火焰燃烧分解的气体，工件上铁锈、油污、油漆等杂质受热后产生的气体，以及使用返潮的气焊熔剂受热分解产生的气体。

防止方法：施焊前应将焊缝两侧 20~30mm 范围内的铁锈、

油污、油漆等杂质清除干净。气焊熔剂使用前应保持干燥，防止受潮。根据实际情况适当放慢焊接速度，使气体能从熔池中充分逸出。焊丝和焊炬的角度要适当，摆动要正确。提高焊工的操作技术。

8. 裂纹

裂纹可分为热裂纹和冷裂纹。

（1）热裂纹。

产生原因：当熔池冷却结晶时，由于收缩受到母材的阻碍，使熔池受到了一个拉应力的作用。在拉应力的作用下，液态薄膜被破坏，结果形成热裂纹。

防止方法：严格控制母材和焊接材料的化学成分，严格控制碳、硫、磷的含量。控制焊缝断面形状，焊缝宽深比要适当。对刚度大的构件，应选择合适的焊接参数和合理的焊接顺序和方向。

（2）冷裂纹。

产生原因：焊缝金属在高温时溶解氢量多，低温时溶解氢量少，残存在固态金属中形成氢分子，从而形成很大的内压力。焊接接头内存在较大的内应力。被焊工件的淬透性较大。会形成淬硬组织。这就是产生焊接冷裂纹的三要素。

防止方法：严格去除焊缝坡口附近和焊丝表面的油污、铁锈等污物，减少焊缝中氢的来源。选择合适的焊接参数，防止冷却速度过快形成淬硬组织。焊前预热和焊后缓冷，改善焊接接头的金相组织，降低热影响区的硬度和脆性，加速焊缝中的氢向外扩散，起到减少焊接应力的作用。

9. 错边

错边是指两个焊件（板或管）没有对正而造成板或管的中心线平行偏差。

产生原因：由于对接的两个焊件没有对正，而使板或管的中心线存在平行偏差的缺陷。

防止方法：板或管进行定位焊时，一定要将板或管的中心线对正。

二、气割的缺陷与防止措施

常见的气割缺陷有切口断面割纹粗糙、切口断面刻槽、下部出现深沟、气割厚度出现喇叭口、后拖量过大、厚板凹心大、切口不直、切口过宽、棱角熔化塌边、切割中断和割不透、切口被熔渣黏结、熔渣吹不掉、下缘挂渣不易脱落、割后变形、产生裂纹、碳化严重等。

1. 切口断面割纹粗糙

产生原因：氧气纯度低，氧气压力太大，预热火焰能率小，割嘴距离不稳定，切割速度不稳定或过快。

防止方法：一般气割用氧气纯度（体积分数）应不低于98.5%；要求较高时氧气纯度不低于99.2%，或者高达99.5%。适当降低氧气压力，加大预热火焰能率，稳定割嘴距离，切割速度适当。

2. 切口断面刻槽

产生原因：回火或灭火后重新起割，割嘴或工件有震动。

防止方法：防止回火和灭火，割嘴不能离工件太近，工件表面应保持清洁，工件下部平台应采取措施不要阻碍熔渣排出，避免周围环境的干扰。

3. 下部出现深沟

产生原因：切割速度太慢。

防止方法：加快切割速度，避免氧气流的扰动产生熔渣旋涡。

4. 气割厚度出现喇叭口

产生原因：切割速度太慢，风线不好。

防止方法：提高切割速度，适当增大氧气流速。

5. 后拖量过大

产生原因：切割速度太快，预热火焰能率不足，割嘴倾角不当。

防止方法：降低切割速度，增大火焰能率，调整割嘴后倾角度。

6. 厚板凹心大

产生原因：切割速度快或速度不均。

防止方法：降低切割速度，并保持速度均匀。

7. 切口不直

产生原因：钢板放置不平，钢板变形，风线不正，割炬不稳定。

防止方法：检查气割平台，将钢板放平，切割前矫平钢板，调整割嘴的垂直度。

8. 切口过宽

产生原因：割嘴号码太大，氧气压力过大，切割速度太慢。

防止方法：换小号割嘴，按工艺规程调整压力，加快切割速度。

9. 棱角熔化塌边

产生原因：割嘴与工件的距离太近，预热火焰能率大，切割速度过慢。

防止方法：将割嘴抬高到正确高度，将火焰能率调小，或更换割嘴，提高切割速度。

10. 中断、割不透

产生原因：材料有缺陷，预热火焰能率小，切割速度太快，切割氧压力小。

防止方法：检查材料缺陷，以相反方向重新气割，检查氧气、乙炔压力，检查管道和割炬通道有无堵塞、漏气，调整火焰能率，放慢切割速度，提高切割氧压力。

11. 切口被熔渣黏接

产生原因：氧气压力小，风线太短。切割薄板时切割速度慢。

防止方法：增大氧气压力，检查割嘴风线，加大切割速度。

12. **熔渣吹不掉**

产生原因：氧气压力太小。

防止方法：提高氧气压力，检查减压阀通畅情况。

13. **下缘挂渣不易脱落**

产生原因：预热火焰能率大，氧气压力低，氧气纯度低，切割速度慢。

防止方法：提高切割氧压力，更换纯度高的氧气，更换割嘴，调整火焰，调整切割速度。

14. **割后变形**

产生原因：预热火焰能率大，切割速度慢，气割顺序不合理，未采取工艺措施。

防止方法：采取调整火焰能率，提高切割速度，按工艺采用正确的切割顺序，采用工夹具，选择合理起割点等工艺措施。

15. **产生裂纹**

产生原因：工件含碳量高，工件厚度大。

防止方法：可采取预热，预热温度250℃，或切割后退火处理。

16. **碳化严重**

产生原因：氧气纯度低，火焰种类不对，割嘴距工件近。

防止方法：更换纯度高的氧气，调整火焰种类，适当抬高割嘴高度。

第六节 气焊气割训练实例

实例1 低碳钢板的平焊

低碳钢板的平焊其操作方法, 如图 3 - 20 所示。

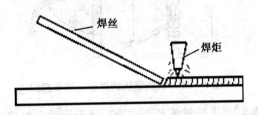

焊丝

焊炬

图 3 - 20 低碳钢板

平焊的操作基本要领是, 当起焊处加热至红色时, 还不能加入焊丝, 要待起焊处熔化并形成熔池时, 才可加入焊丝。可通过改变焊嘴倾角、高度和焊接速度, 可以调节熔池温度, 控制熔池的大小和形状, 使焊缝成形美观。

在焊接结束时, 应将焊炬火焰缓慢提起, 使焊缝熔池逐渐减小, 并要多加一些焊丝, 防止产生气孔或裂纹等缺陷。

实例2 低碳钢板的立焊

低碳钢板的立焊其操作方法, 如图 3 - 21 所示。

立焊的操作基本要领是, 应采用比平焊小一些的火焰能率来进行焊接; 严格控制熔池温度, 焊嘴要沿焊接方向向上倾斜, 与焊件成 60°的夹角, 以借助火焰气流的吹力托住熔化金属、阻止熔化金属下淌。

一般情况下, 焊接时焊炬不作横向摆动, 仅作上下跳动, 这样便于控制熔池温度, 使熔池有冷却的机会, 保证熔池受热适

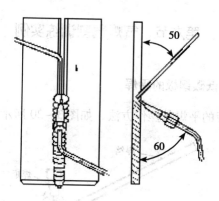

图3-21 低碳钢板的对接立焊示意图

当。而焊丝则在火焰气流范围内进行环形运动，将熔化金属均匀地熔敷在母材上。

实例3　低碳钢板的横焊

低碳钢板的横焊其操作方法，如图3-22所示。

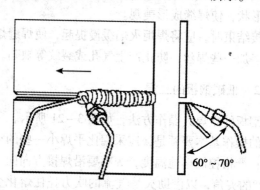

图3-22　低碳钢板的对接横焊示意图

　横焊的操作基本要领是，选用较小的火焰能率（比立焊还要稍小些），严格控制熔池温度，不要使熔池面积太大。焊嘴应向上倾斜，焊嘴与焊件平面间的夹角保持在60°~70°，焊丝头部位于熔池的上边缘，熔滴加在熔池的上边，利用火焰吹力托住熔化金属，阻止熔化金属下淌。

焊炬一般不作摆动，焊丝始终要浸在熔池中，利用焊丝头粘住熔化金属作弧形斜线往前拖，再通过焊嘴内焰的摆动控制，不断地把熔化金属向熔化上边推去。焊丝作半圆形摆动，并在摆动过程中，被焊炬加热熔化，防止熔化金属堆积在熔池下边而形成咬边及焊瘤等缺陷。

实例4 低碳钢板的仰焊

低碳钢板的仰焊其操作方法，如图3-23所示。

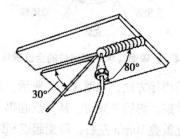

图3-23 低碳钢板的对接仰焊示意图

仰焊操作的基本要领是，采用较小的火焰能率，严格控制熔池温度和熔池大小，使液态金属快速凝固。焊嘴与焊件间的夹角保持在80°左右，焊丝与焊嘴间的夹角保持在70°左右。采用较细直径的焊丝，以较小的熔滴熔敷在熔池内，利用火焰吹力托住熔化金属，阻止熔化金属下淌。

仰焊时要特别注意劳动保护，防止飞溅金属微粒和金属熔滴烫伤面部及身体。同时，要选择较轻便的焊炬，以减轻焊工的劳动强度。

实例 5　低碳钢管的水平固定焊

低碳钢管的水平固定焊，如图 3 - 24 所示。要求焊丝和管子切线方向夹角在焊接过程中保持不变。要求焊丝和管子切线方向夹角在焊接过程中保持不变。

图 3 - 24　低碳钢管水平固定焊的全位置焊接分布

水平固定管的焊接方法，如图 3 - 25 所示。焊前半圈时，从 a 点起焊，到 d 点结束。焊后半圈时，从 b 点起焊，到 c 点结束。起点和终点处应相互重叠 10mm 左右，避免起点和终点处产生缺陷。

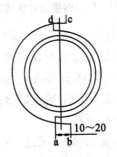

图 3 - 25　水平固定管的焊接方法
a～d. 为先焊半圈的起点和终点；b～c. 为后焊半圈的起点和终点

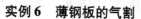

实例6 薄钢板的气割

气割薄钢板的要领是：选用 G01 – 30 型割炬及小号割嘴，预热火焰能率要小。割嘴应后倾，与钢板表面成 25°~45°。割嘴与工件表面的距离为 10~15mm。切割速度要尽可能快。

实例7 中、厚板的气割

气割 5~20mm 中等厚度的钢板比较容易。割炬选用 G01 – 30（或 G01 – 100 型）型。割嘴与工件的距离大致等于焰芯长度加上 2~4mm 左右。割嘴可向后倾斜 20°~30°。

气割厚钢板的要领是：选择与钢板厚度相应的 G01 – 100 型（或 G01 – 300 型）割炬及较大号割嘴。预热火焰能率要大，氧气和乙炔供给充足。调整好割嘴与工件的垂直度。起割时，从工件的边缘棱角处开始预热，将工件预热到气割温度时，逐渐开大切割氧调节阀，并使割嘴向前倾斜 5°~10°。待工件边缘全部割透时，加大切割氧气流，并使割嘴垂直于工件。当快割完时，割嘴应逐渐向后倾斜 5°~10°。

第七节 气焊与气割的安全技术

一、焊接与切割作业中发生火灾爆炸事故的原因及防范措施

1. 焊接切割作业中发生火灾爆炸事故的原因

（1）焊接切割作业时，尤其是气体切割时，由于使用压缩空气或氧气流的喷射，使火星、熔珠和铁渣四处飞溅（较大的熔珠和铁渣能飞溅到距操作点 5m 以外的地方），当作业环境中存在易燃、易爆物品或气体时，就可能会发生火灾和爆炸事故。

（2）在高空焊接切割作业时，对火星所及的范围内的易燃

易爆物品来清理干净，作业人员在工作过程中乱扔焊条头，作业结束后未认真检查是否留有火种。

（3）气焊、气割的工作过程中未按规定的要求放置气瓶，工作前未按要求检查焊（割）炬、橡胶管路和气瓶的安全装置。

（4）气瓶存在制造方面的不足，气瓶的保管充灌、运输、使用等方面存在不足，违反安全操作规程等。

（5）乙炔、氧气等管道的制造、安装有缺陷，使用中未及时发现和整改其不足。

（6）在焊补燃料容器和管道时，未按要求采取相应措施。在实施置换焊补时，置换不彻底，在实施带压不置换焊补时压力不够致使外部明火导入等。

2. 防范措施

（1）焊接切割作业时，将作业环境 10m 范围内所有易燃易爆物品清理干净，应注意作业环境的地沟、下水道内有无可燃液体和可燃气体以及是否有可能泄漏到地沟和下水道内可燃易爆物质，以免由于焊渣、金属火星引起灾害事故。

（2）高空焊接切割时，禁止乱扔焊条头，对焊接切割作业下方应进行隔离，作业完毕时应做到认真细致的检查，确认无火灾隐患后方可离开现场。

（3）应使用符合国家有关标准、规程要求的气瓶，在气瓶的贮存、运输、使用等环节上应严格遵守安全操作规程。

（4）对输送可燃气体和助燃气体的管道应按规定安装、使用和管理，对操作人员和检查人员应进行专门的安全技术培训。

（5）焊补燃料容器和管道时，应结合实际情况确定焊补方法。实施置换法时，置换应彻底，工作中应严格控制可燃物质的含量；实施带压不置换法时，应按要求保持一定的压力。工作中应严格控制其含氧量。要加强检测，注意监护，要有安全组织措施。

3. 火灾、爆炸事故的紧急处理方法

在焊接切割作业中如果发生火灾、爆炸事故时，应采取以下方法进行紧急处理：

（1）应判明火灾、爆炸的部位及引起火灾和爆炸的物质特性，迅速拨打火警电话 119 报警。

（2）在消防队员未到达前，现场人员应根据起火或爆炸物质的特点，采取有效的方法控制事故的蔓延，如切断电源、撤离事故现场氧气瓶、乙炔瓶等受热易爆设备，正确使用灭火器材。

（3）在事故紧急处理时必须由专人负责，统一指挥，防止造成混乱。

（4）灭火时，应采取防中毒、倒塌、坠落伤人等。

二、气瓶的安全技术

1. 氧气瓶使用安全技术

（1）氧气瓶应符合国家颁布的《气瓶安全监察规程》的规定，对在用的氧气瓶应定期进行技术检验。对检验不合格的氧气瓶，禁止继续使用。

（2）氧气瓶应直立放置，并须安放稳固，防止倾倒。

（3）在夏季使用氧气瓶时，必须将氧气瓶放在凉棚内，以避免强烈的阳光照射，使气体膨胀压力升高而发生爆炸。

（4）冬季使用氧气瓶时，瓶阀和减压器要防止冻结。如果已经冻结，只能用热水或蒸气解冻，禁止用明火直接加热。

（5）氧气瓶阀处严禁沾染油脂，绝不允许用带有油脂的手套去搬运氧气瓶，以免发生事故。

（6）卸下瓶帽时，只能用手或扳手旋取，禁止用铁锤等铁器敲击。

（7）氧气瓶在运输时，应装好防振橡胶圈，避免互相碰撞，绝不能与可燃气体气瓶、油料以及其他可燃物同车运输。在厂内

运输应用专用小车，并固定牢。不能把氧气瓶放在地上滚动，以免发生事故。

（8）开启氧气瓶阀时，操作者不要面对出气口和减压器，以免人身受伤。而且不允许开启过快，以防止产生静电火花而引起爆炸。

（9）氧气瓶内的氧气不能全部用完，最后要留0.1~0.3MPa的氧气。以便再次充氧时吹除瓶阀口的灰尘和鉴别原装气体的性质，防止误将氧气装入其他瓶内。

（10）氧气瓶内的氧气虽然具有一定压力，但不允许作为气动工具的压力气源使用。

（11）为了改善局部焊接位置通风换气效果，不可以使用氧气进行通风换气。

2. 溶解乙炔气瓶使用安全技术

（1）溶解乙炔气瓶在搬运、装卸、使用时都应直立放置，并牢固固定。禁止在地面上卧放并直接使用。因卧置时会使丙酮随乙炔流出，甚至会流入减压器、乙炔橡胶软管和焊炬（或割炬）内，这是非常危险的。一旦要用已经卧放的溶解乙炔气瓶，必须将瓶直立静置20min，然后才能使用。

（2）乙炔瓶体表面的温度不应超过40℃，因为乙炔瓶体温度过高会降低丙酮对乙炔的溶解度，而使瓶内的乙炔压力急剧增高。

（3）乙炔减压器与乙炔瓶的瓶阀连接必须可靠，严禁在漏气的情况下使用，否则，会形成乙炔与空气的混合气体，遇到明火会发生爆炸事故。

（4）开启溶解乙炔气瓶时要缓慢，不要超过一转半，一般情况只开3/4转。

（5）乙炔气瓶内的乙炔气不能全部用完，最后应剩下乙炔气的压力，按表3-1溶解乙炔瓶的剩余压力值执行。

（6）禁止在乙炔瓶上放置衣物、工具等。

3. 液化石油气瓶使用安全技术

（1）操作者要认真学习有关安全知识，掌握液化石油气的性质，在充装、使用、运输过程中严格按有关规程执行。

（2）液化石油气瓶充装时必须按规定留出气化空间。

（3）液化石油气对普通橡胶软管有腐蚀作用，应用耐油性强的橡胶软管。

（4）冬季使用液化石油气瓶时，可用40℃以下的热水加温。严禁用火烤或沸水加热。

（5）液化石油气比空气重，易于向低处流动，所以在贮存和使用液化石油气的室内，下水道应设安全水封，电缆沟进出口应填装沙土，暖气沟进出口应抹灰，防止火灾。

（6）液化石油气瓶内剩余的残液应送回充气站处理，不得自行倒出液化石油气的残液，以防火灾。

（7）液化石油气瓶在使用时，必须加装减压器，严禁用橡胶管直接同气瓶阀连接。

三、减压器使用的安全技术

（1）常用的氧气减压器、乙炔气减压器、液化石油气减压器，必须选取符合气体特性的专用减压器。减压器必须定期检验，压力表必须定期校验，以保证调压的可靠性和压力表读数的准确性。

（2）减压器的高压压力表和低压压力表必须指示灵活、准确。

（3）制造减压器所用的材料，必须保证在正常条件下，不与工作介质发生任何易燃、易爆或腐蚀等化学反应。

（4）减压器应尽量体积小，重量轻，便于维护和使用。

（5）严禁减压器混用，防止发生意外事故。不同气体用的减压器与其相应的气瓶的漆色应一致，以示区别。并且在尺寸、形状、材料和装卡等方面都有所不同，以避免混用而造成事故。

（6）停止工作时，先关闭高压气瓶阀，然后放出减压器内的全部气体，再松开压力调节杆，使表针归零。

四、焊炬、割炬使用的安全技术

（1）使用焊炬（或割炬）时，必须检查其射吸能力是否良好。

（2）点火时，先将乙炔气稍微打开，点火后再按工作需要调节氧气和乙炔量来调整火焰。

（3）焊炬、割炬不得过分受热，若温度太高，可置于水中冷却。

（4）焊炬、割炬各气体通路不许沾污油脂，防止燃烧爆炸。

（5）不得将正在燃烧的焊炬、割炬随意卧放在工件或地面上。

（6）停止使用时，应先关闭乙炔调节阀，后关闭氧气调节阀。当发生回火时，应迅速先关闭乙炔调节阀，再关闭氧气调节阀。

（7）工作完毕后，应将橡胶软管拆下，焊炬（或割炬）放在适当的地方。

五、橡胶软管使用的安全技术

（1）应购买按照 GB/T 2550—1992《焊接及切割用橡胶软管氧气橡胶软管》和 GB/T 2551—1992《焊接及切割用橡胶软管乙炔橡胶软管》规定生产的产品，保证产品质量合格。

（2）在保存、运输和使用胶管时必须维护、保持胶管的清洁和不受损坏。防止与酸、碱、油类及其他有机溶剂等影响橡胶软管质量的物质接触。

（3）在使用新橡胶管前，必须用压缩空气把橡胶管内壁滑石粉吹除干净，防止焊炬和割炬的通道被堵塞。在使用中应避免受外界挤压和机械损伤，并且不得与上述影响胶管质量的物质接触，不得将胶管折叠。

（4）氧气橡胶软管与乙炔橡胶软管不准互相代替或混用。橡胶管在使用时必须捆扎牢固。

（5）禁止使用回火烧损的橡胶软管。

六、气焊与气割的安全操作规程

（1）必须对操作者进行安全教育和安全技术培训。操作者取得操作证后，须持证上岗，严格执行安全操作规程。

（2）操作者应按规定要求穿戴好个人防护用品，整理好工作场地，注意作业点距氧气瓶、乙炔发生器和易燃易爆物品须在10m以上，氧气瓶距乙炔瓶宜在5m以上。高空作业下方不得有易燃易爆物品。

（3）工作前，应对有关设备、用具进行安全检查，乙炔发生器安全装置、特别是回火防止器和防爆装置必须齐全有效，各种接头不能松动漏气，仪表指示要准确，有问题须修好再用。

（4）对被焊物进行安全性确认，设备带压时不得进行焊接与切割。盛装过可燃气体和有毒物质的容器，未经清洗不得进行焊接与切割。对不明确物质必须经专业人员检测，确认安全后再进行焊接或切割。

（5）安装减压器前，应先开启氧气瓶开关，将接口吹净。安装时，压力表和氧气管接头螺母必须上紧，开启时动作要缓慢，同时，人员要避开压力表正面。

（6）点火时严禁焊嘴（或割嘴）对人，操作过程中如发生回火，应立即先关乙炔阀门，后关氧气阀门。

（7）氧气瓶嘴处严禁粘上油污。气瓶禁止靠近火源，禁止露天暴晒，禁止将瓶内气体用尽，氧气瓶剩余压力至少要大于0.1MPa。气瓶应轻搬轻放。

（8）回火防止器要经常换清水，保持水位正常。冬季若无可靠的防冻措施，工作后要及时放水。一旦冻结时，应用热水化冻，禁止用明火烘烤。

（9）在大型容器内工作时，焊炬（或割炬）与操作者应同时进同时出，严禁将焊炬（或割炬）放在容器内，以防调节阀和橡胶软管接头漏气，使容器内集聚大量的混合气体，一旦接触火种引起燃烧和爆炸。

（10）工作完毕，应将氧气瓶阀和乙炔瓶阀关闭再将减压器调节螺钉拧松。检查清理工作场地，确认现场无火种后方可离开。

（11）严禁在带有压力或带电的容器、罐、管道、设备上进行焊接和切割作业。

（12）为防止水泥地面爆炸，不要直接在水泥地面上进行气割。

第四章 熔化极气体保护焊

第一节 熔化极气体保护焊方法的原理

1. 熔化极气体保护焊的工作原理

熔化极气体保护焊采用可熔化的焊丝与被焊工件之间的电弧作为热源来熔化焊丝与母材金属，并向焊接区输送保护气体，使电弧、熔化的焊丝、熔池及附近的母材金属免受周围空气的有害作用。连续送进的焊丝金属不断熔化并过渡到熔池，与熔化的母材金属融合形成焊缝金属，从而使工件相互连接起来，如图4-1所示。

2. 熔化极气体保护焊的分类

熔化极气体保护焊根据保护气体的种类不同可分为：熔化极惰性气体保护焊、熔化极氧化性混合气体保护焊和 CO_2 气体保护电弧焊3种。

（1）熔化极惰性气体保护焊。保护气体采用氩气、氦气或氩气与氦气的混合气体，它们不与液态金属发生冶金反应，只起保护焊接区使之与空气隔离的作用。因此，电弧燃烧稳定，熔滴过度平稳、安定，无激烈飞溅。这种方法特别适用于铝、铜、钛等有色金属的焊接。

（2）熔化极活性混合气体保护焊。保护气体由惰性气体和少量氧化性气体混合而成。由于保护气体具有氧化性，常用于黑色金属的焊接。在惰性气体中混入少量氧化性气体的目的是在基

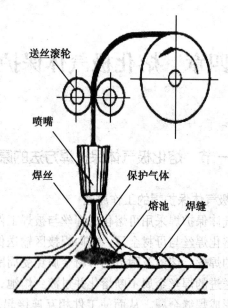

送丝滚轮

喷嘴

焊丝　　　　　　保护气体

熔池　焊缝

图 4 - 1　熔化极气体保护焊的工作原理

本不改变惰性气体电弧特性的条件下，进一步提高电弧的稳定性，改善焊缝成型，降低电弧辐射强度。

（3）二氧化碳气体保护电弧焊。保护气体是 CO_2，有时采用 $CO_2 + O_2$ 的混合气体。由于保护气体的价格低廉，采用短路过度时焊缝成型良好，加上使用含脱氧剂的焊丝可获得无内部焊接缺陷的高质量焊接接头，因此，这种方法已成为黑色金属材料的最重要的焊接方法之一。

3. 熔化极气体保护焊设备的主要构成

熔化极气体保护焊设备主要由下部分构成。

（1）焊接电源及控制装置。有关焊接电源的内容在前面文中焊接方法中介绍过。

（2）送丝装置。送丝装置由焊丝送进电机、保护气体开关电磁阀、送丝滚轮构成。

焊丝供给装置是专门向焊枪供给焊丝的，在机器人焊接中主要采用推丝式单滚轮送丝方式。即在焊丝绕线架一侧设置传送焊丝滚轮，然后通过导管向焊枪传送焊丝。

在铝合金的 MIG 焊接中，由于焊丝比较柔软，所以，在开始焊接时或焊接过程中焊丝在滚轮处会发生扭曲现象，为了克服这一难点，采取了各种措施。

（3）焊枪。熔化极气体保护电弧焊焊枪大致有空冷式和水冷式两种形式，空冷式焊枪一般用于中小焊接电流，水冷式焊枪用于大电流焊接。

MIG 焊枪与 CO_2/MAG 焊枪形状相似，但有以下的差异。

①为了无故障地传送比较柔软的铝焊丝，有专用铝焊接 MIG 焊枪。

②为了顺利地传送如不锈钢、镍合金、高强度钢等硬质材质的焊丝，有专用焊接合金的 MIG 焊枪。

（4）气体流量调整器。气体流量调整器安装在气瓶出口处，设定焊接时所必需的气体流量，气体流量调整器包括用以降低气瓶内高压的"压力调整器"和读取气体流量的"流量计"等。

小型 CO_2 气体流量调整器中，由于气路不会结冰，所以，使用非加热式气体流量调整器，而在大型 CO_2 气体流量调整器中，由于能把气瓶内高压减压至 0.2MPa（约 2kgf/cm²），气体的快速膨胀带走热量导致气路结冰，所以，在 CO_2 气体流量调整器中要附上加热装置。

第二节　CO_2 气体保护焊工艺

一、CO_2 气体保护焊工作原理

1. CO_2 气体保护焊的发展

CO_2 气体保护电弧焊是一种高效率、低成本的焊接方法。20 世纪 30 年代，人们已经发明了以氩弧焊作为保护气体的电弧焊，但由于氩气价格昂贵，推广受到了限制，这就逼使人们寻求价廉的保护气体。经过较长时间的科研活动，CO_2 气体保护电弧焊终于在 1950—1952 年问世。

目前，我国在船舶制造、汽车制造、车辆制造、石油化工等部门已广泛使用 CO_2 气体保护电弧焊。

2. CO_2 气体保护焊的原理

CO_2 气体保护焊的原理以焊丝和焊件作为两个电极，产生电弧，用电弧的热量来熔化金属，以 CO_2 气体作为保护气体，保护电弧和熔池，从而获得良好的焊接接头，这种焊接方法称为 CO_2 气体保护焊。

二、CO_2 气体保护焊的特点及应用

1. 工艺特点

（1）生产效率高。CO_2 气体保护焊的电流密度很大，电弧热量集中，焊丝的融敷（焊丝在一小时内一安电流能融敷入焊缝的质量数）很大，不仅远大于焊条电弧焊。

（2）成本低。CO_2 气体的来源广，有的是酿造厂和化工厂的副产品，价格低廉。CO_2 的能源也消耗也少（电弧热能利用率高实心焊丝基本没有焊渣或焊剂消耗的能量）。通常 CO_2 气体保护焊的成本仅为焊条电弧焊的 4‰ ~ 5‰，是目前廉价的焊接方法。

（3）焊接变形小。CO_2气体保护焊的的热量集中，加热面积小，并且CO_2气体从喷嘴焊向焊件，可以带走一些焊件的热量，从而使焊接热影响区减小，焊接变形明显减小，尤其在焊接薄板时更为突出。

（4）抗锈能力强。CO_2气体保护焊对铁锈和水分的敏感性比埋弧焊和氩弧焊低，在焊接低合金钢时，比较不易产生冷裂纹。

（5）应用范围。CO_2气体保护焊可以焊接碳钢、低合金钢结构、耐热钢，不锈钢及碳钢；可以焊接0.8mm以上的薄板；可以进行全位置焊接；可以进行全位置焊接；可以用于缺陷修补。

2. 不足之处

（1）飞溅较大，表面成形较差。

（2）电弧气氛有很强的氧化性，不能焊接易氧化的金属材料，抗风能力较弱、室外作业需有防风措施。

（3）焊接弧光较强，特别是大电流焊接时，要注意对操作人员防弧光辐射保护。

（4）目前，不能焊接宜氧化的有色金属（铝、镁合金）。

3. 应用范围

CO_2气体保护、焊主要用于低碳钢、低合金钢的焊接。不仅能焊薄板，也能焊中、厚板，并可进行全位置焊接。除了用于焊接结构制造外，还可以用于维修，如堆焊磨损的零件、焊补铸铁等。

目前，CO_2气体保护焊在汽车、机械、石油化工、冶金、造船、航空等行业得到了广泛应用。

三、CO_2气体保护焊的焊接材料

1. CO_2气体

CO_2气体来源广，可由专门生产厂提供，也可从食品加工厂（如酒精厂）的副产品中获得。用于焊接的CO_2气体，其纯度要

求 >99.5%。CO_2 有固态、液态和气态种状态。气态无色，易溶于水，密度为空气 1.5 倍，沸点为 -78℃。在不加压力下冷却时，气体将直接变成固体（称干冰）：增加温度，固态 CO_2 又直接变成气体。CO_2 气体受压力后变成无色液体，其相对密度随温度而变化。当温度低于 -11℃ 时，比水重：当温度高于 -11℃ 时，则比水轻。在 0℃ 和一个大气压下，1kg CO_2，液体可蒸发 509L CO_2 气体。

供焊接用的 CO_2 气体，通常是以液态装于钢瓶中，容量为 40L 的标准钢气瓶可灌入 25kg 的液态 CO_2，25kg 液态 CO_2 约占钢瓶容积的 80%。其余 20% 左右的空间充满气化了的 CO_2，气瓶压力表上所指压力值，即是这部分气化气体的饱和压力，该压力大小与环境温度有关，室温为 20℃ 时，气体的饱和压力 $57.2 \times 105Pa$。注意，该压力并不反映液态 CO_2 的贮量，只有当瓶内液态 CO_2 全部汽化后，瓶内气体的压力才会随 CO_2 气体的消耗而逐渐下降。这时压力表读数才反映瓶内气体的贮量。故正确估算瓶内 CO_2 贮量是采用称钢瓶质量的办法。

一瓶装 25kg 液化 CO_2 若焊接时的流量为 20L/min，则可连续使用 10h 左右。

CO_2 气钢瓶外表涂黑色并写有黄色 "CO_2" 字样。

瓶装液态 CO_2：可溶解约占 0.05% 质量的水，其余的水则成自由状态沉于瓶底。这些水分在焊接过程中随 CO_2 一起挥发，以水蒸气混入 CO_2 气体中，影响 CO_2 气体纯废。水蒸气的蒸发量与瓶中压力有关，瓶压越低，水蒸气含量越高，故当瓶压低于 980kPa 时，就不宜继续使用，需重新灌气。

当市售 CO_2 气体含水量较高时减少水分的措施如下。

（1）将新灌气瓶倒立静置 1~2h，然后开启阀门，把沉积在瓶口郎的自由状态水拌出，可放水 2~3 次，每次间隔 30min，放后，将瓶正回来。

（2）经倒置放水后的气瓶，使用前先打开阀门放掉瓶内上部纯度低的气体，然后再套接输气管。

（3）在气路中设置高压干燥器和低压干燥器，进一步减少 CO_2 气体中的水分，一般用硅胶或脱水硫酸铜作干燥剂，用过的干燥剂。经烘干后还可重复使用。

使用瓶装液态 CO_2 时，注意设置气体预热装置。因瓶中高压气体经减压降压而体积膨胀时，要吸收大量的热，使气体温度降到零度以下，会引起 CO_2 气中的水分在减压器内结冰而堵塞气路，故在 CO_2 气体未减压之前须经过预热。

2. 焊丝

CO_2 焊用的焊丝对化学成分有特殊要求，主要内容如下。

（1）焊丝内必须含有足够数量的脱氧元素，以减少焊缝金属中的含氧量和防止产生气孔。

（2）焊丝的含碳量要低。通常要求 w（c）$< 0.11\%$，以减少气孔和飞溅。

（3）要保证焊缝具有满意的力学性能和抗裂性能。

此外，若要求得到更为致密焊缝金属，则焊丝应含有固氰元素如 AI，Ti 等。

目前，国内常用 CO_2 焊丝的直径为 0.6mm、0.8mm、1.0mm、1.1mm、1.6mm、2.0mm 和 2.4mm. 近年又发展直径为 3~4mm 的粗焊丝。

焊丝应保证有均匀外径，其公差为 +0 ~ -0.025mm，还应具有一定的硬度和刚度，一方面以防止焊丝被送丝滚轮压肩或压出深痕；另一方面，焊丝从导电嘴送出后要有一定的挺直度。因此，无论是何种送丝方式，都要求焊丝以冷拔状态供应，不能使用退火焊丝。保存时，为了防锈，常采取焊丝表面镀漆或潦油，在焊前则把油污清除。

四、CO_2 气体保护焊的焊接设备

1. 焊机

焊机是一种为焊接提供一定特性的电源的电器，常用电焊机从焊接电流上分有直流、交流、脉冲 3 类，但常用的是交流和直流逆变电焊机。电焊机的主要部件是一个降压变压器，次级线圈的两端是被焊接工件和焊条，工作时引燃电弧，在电弧的高温中将焊条熔接于工件的缝隙中。这类焊机的外形，如图 4 - 2 所示。

图 4 - 2　CO_2 气体保护焊焊机

2. 焊接电源

CO_2 气体保护焊均使用平硬式缓降外特性的直流电源，并要求具有良好的动特性。

3. 送丝系统

（1）对送丝机的要求。送丝机是供给焊丝具有沿其轴向运动能力的机构。它应保证所需的送丝速度范围及规定的送丝力，以保证送丝均匀、可靠和无打滑现象。

送丝速度：一般为 3～12M/min；

标准规定：

电网电压 ±10% 波动时，送丝速度的变化率 < ±5%；

从冷状态工作到热状态时，送丝速度变化率 < ±5%。

（2）送丝方式。CO_2 气体保护焊送方式可分为推丝式、拉丝式和推拉丝式。

①推丝式：它由送丝电动机、减速箱、送丝轮、焊丝盘等都安装在机架上。主要用于直径为 0.8～2.0mm 的焊丝，它是应用最广的一种送丝方式，一般推丝距离为 3～5m。如图 4-3 所示。

推丝式

图 4-3　推丝式

②拉丝式：拉丝式主要用于细焊丝（焊丝直径小于或等于 0.8mm）。由于焊丝刚性小，难以推丝，这时送丝电机与焊丝盘均安装在焊枪上。如图 4-4 所示。

③推拉丝式：推拉丝式可以增加焊工的工作范围，送丝距离可达 15m。如图 4-5 所示。推拉式送丝机主要针对细丝、软丝，如焊丝直径 1.2mm 以下的铝丝而设计的。有效地解决了长距离（3m 以上）送细丝、软丝难的问题。

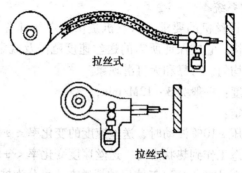

拉丝式

拉丝式

图 4 - 4　拉丝式

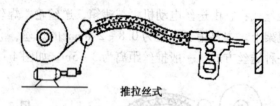

推拉丝式

图 4 - 5　推拉丝式

4. 焊枪

焊枪具有送气、送丝和导电的功能

（1）对焊枪的要求。

①送丝均匀，导电可靠，气体保护良好；

②结构简单，经久耐用和便于维修；

③使用性能良好。

（2）焊枪的类型。焊枪可分为半自动焊枪、自动焊枪两类。

①半自动焊枪：推丝式焊枪（自冷式、水冷式）多用于直径1mm以上焊丝的焊接。焊炬按结构形式可分为鹅颈式和手枪式，如图4 - 6、图4 - 7所示。

拉丝式焊枪多用于直径0.8mm以下的细丝焊接，如图4 - 8

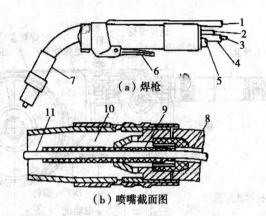

（a）焊枪

（b）喷嘴截面图

图 4-6 鹅颈式半自动焊枪（气冷）

1. 控制电缆；2. 导气管；3. 焊丝；4、8. 送丝导管

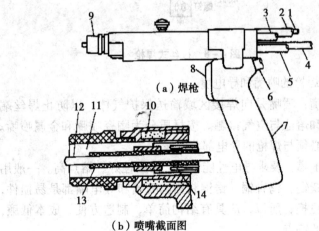

（a）焊枪

（b）喷嘴截面图

图 4-7 手枪式半自动焊枪（水冷）

所示。

　　②自动焊枪：自动焊枪示意图，如图 4-9 所示。

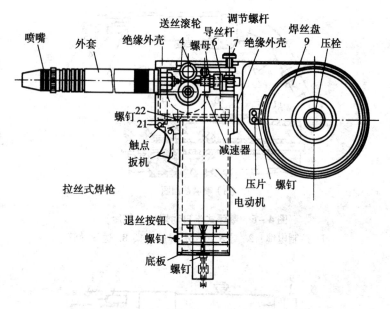

图 4 - 8　拉丝式焊枪

（3）焊枪的喷嘴和导电嘴。

①喷嘴：喷嘴是向焊接区域输送保护气体，以防止焊丝端头、电弧和熔池与空气接触。按材质分为陶瓷喷嘴和金属喷嘴。金属喷嘴必须与焊枪的导电部分绝缘。

②导电嘴：要求导电性能良好、耐磨性好、熔点高。一般用纯铜、铬紫铜、钨青铜、锆铜制作。喷嘴和导电嘴都是易损件，需要经常更换，所以，应具有结构简单，制造方便，成本低廉，便于装拆的特点。

5. 送丝软管

送丝软管担负着从送丝机向焊枪输送焊丝的任务。对送丝软管的要求：应具有良好的使用性能；应保证均匀送丝；应具有足够的弹性。目前，最常用的是一线式软管，如图 4 - 10 所示。

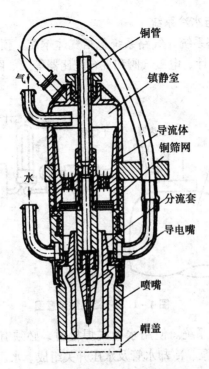

图4-9 自动焊焊枪结构示意图

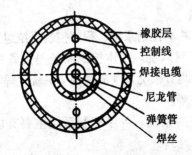

图4-10 一线式软管结构

6. 气路与水冷系统

（1）气路系统。气路系统包括气体钢瓶、预热器、减压器、干燥器、流量计、电磁气阀和混合配比器等。如图 4 – 11 为气路系统示意图。

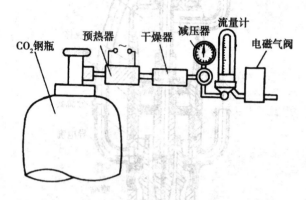

图 4 – 11　气路系统示意图

（2）水冷系统。使用水冷式焊枪时，必须有水冷系统，一般由水箱、水泵、冷却水管及水压开关组成。水压开关的作用是保证当水压低或冷却水没流进焊枪时，焊接系统不能启动，以达到保护焊枪的目的。

7. 控制系统

控制系统由基本控制系统、程序控制系统组成。

（1）基本控制系统。基本控制系统是由焊接电源输出调节系统、送丝速度调节系统、气流量调节系统、焊车行走速度调节系统（自动焊）等。

（2）程序控制系统。程序控制系统主要有以下几方面，如图 4 – 12 所示。

①焊接设备的启动和停止。

②提前送气和滞后停气（控制电磁气阀）。

③控制水压开关（水冷式）。

④控制引弧（爆断、慢送丝、回抽引弧）和（电流衰减、焊丝返烧）息弧。

⑤控制焊车移动（自动焊）。

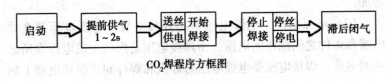

CO_2焊程序方框图

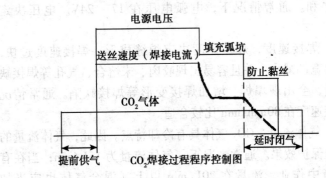

CO_2焊接过程程序控制图

图 4 – 12

五、CO_2 气体保护焊的工艺参数

CO_2 气体保护焊的焊接参数有：焊丝直径、焊接电流、电弧电压、焊接速度、气体流量、干伸长度、电源极性、回路电感、焊枪倾角。焊工必须充分了解这些因素对焊接质量的影响，以便正确地解决工作中遇到的问题。

（1）焊丝直径，焊丝直径影响焊缝熔深。本文就最常用的焊丝直径 1.2mm 实心焊丝展开论述。牌号：H08MnSiA。焊接电流在 150 ~ 300A 时，焊缝熔深在 6 ~ 7mm。

（2）焊接电流，依据焊件厚度、材质、施焊位置及要求的过渡形式来选择焊接电流的大小。短路过渡的焊接电流在 110～230A（焊工手册为 40～230A）；细颗粒过渡的焊接电流在 250～300A。焊接电流决定送丝速度。焊接电流的变化对熔池深度有决定性的影响，随着焊接电流的增大，熔深明显增加，熔宽略有增加。

（3）电弧电压，电弧电压不是焊接电压。电弧电压是在导电嘴和焊件之间测得的电压，而焊接电压是焊机上的电压表所显示的电压。焊接电压是电弧电压与焊机和焊件间连接的电缆上的电压降之和。通常情况下，电弧电压在 17～24V。电压决定熔宽。

（4）焊接速度，焊接速度决定焊缝成形。焊接速度过快，熔深和熔宽都减小，并且容易出现咬肉、未熔合、气孔等焊接缺陷；过慢，会出现塌焊、增加焊接变形等焊接缺陷。通常情况下，焊接速度在 80mm/min 比较合适。

（5）气体流量，CO_2 气体具有冷却特点。因此，气体流量的多少决定保护效果。通常情况下，气体流量为 15L/min；当在有风的环境中作业，流量在 20L/min 以上（混合气体也应当加热）。

（6）干伸长度，干伸长度是指从导电嘴到焊件的距离。保证干伸长度不变是保证焊接过程稳定的重要因素。干伸长度决定焊丝的预热效果，直接影响焊接质量。当焊接电流、电压不变，焊丝伸出过长，焊丝熔化快，电弧电压升高，使焊接电流变小，熔滴与熔池温度降低，会造成未焊透、未熔合等焊接缺陷；过短，熔滴与熔池温度过高，在全位置焊接时会引起铁水流失，出现咬肉、凹陷等焊接缺陷。根据焊接要求，干伸长度在 8～20mm。另外，干伸长度过短，看不清焊接线，并且，由于导电嘴过热会夹住焊丝，甚至烧毁导电嘴。

（7）电源极性，通常采取直流反接（反极性）。焊件接阴极，焊丝接阳极，焊接过程稳定、飞溅小、熔深大。如果直流正接，在相同条件下，焊丝融化速度快（约为反接的 1.6 倍），熔深浅，堆高大，稀释率小，飞溅大。

（8）回路电感，回路电感决定电弧燃烧时间，进而影响母材的熔深。通过调节焊接电流的大小来获得合适的回路电感，应当尽可能地选择大电流。通常情况下，焊接电流 150A，电弧电压 19V；焊接电流 280A，电弧电压 22～24V 比较合适，能够满足大多数焊接要求。

（9）焊枪倾角，当倾角大于 25°时，飞溅明显增大，熔宽增加，熔深减小。所以焊枪倾角应当控制在 10°～25°。尽量采取从右向左的方向施焊，焊缝成形好。如果采用推进手法，焊枪倾角可以达到 60°，并且可以得到非常平整、光滑的漂亮焊缝。

六、CO_2 操作要点及注意事项

CO_2 气体保护焊的操作技术与焊条电弧焊一样，也包括引弧、收弧、接头、焊炬摆动等步骤。由于没有焊条的送进运动，焊接过程只需维持弧长不变，并根据熔池情况摆动和移动焊炬就可以了。因此，CO_2 气体保护焊的操作比焊条电弧焊容易掌握。

1. 引弧

采用短路法引弧，引弧前先将焊丝端头较大直径球形剪去使之成锐角，以防产生飞溅，同时保持焊丝端头与焊件相距 2～3mm，喷嘴与焊件相距 10～15mm。按动焊枪开关，随后自动送气、送电、送丝、直至焊丝与工作表面相碰短路，引燃电弧，此时焊枪有抬起趋势，须控制好焊枪，然后慢慢引下向待焊处，当焊缝金属融合后，在以正常焊接速度施焊。

2. 直线焊接

直线无摆动焊接形成的焊缝宽度稍窄，焊缝偏高、熔深较浅。整条焊缝往往在始焊端，焊缝的链接处，终焊端等处最容易

产生缺陷，所以，应采取特殊处理措施。

（1）始焊端。焊件始焊端处较低的温度应在引弧之后，先将电弧稍微拉长一些，对焊缝端部适当预热，然后再压低电弧进行起始端焊接，这样可以获得具有一定熔深和成形比较整齐的焊缝。

因采取过短的电弧起焊而造成焊缝成形不整齐，应当避免。重要构件的焊接，可在焊件端加引弧板，将引弧时容易出现的缺陷留在引弧板上。

起始端运丝法度焊缝成形的影响。

①长弧预热起焊的直线焊接；

②长弧预热起焊的摆动焊接；

③短弧起焊的直线焊接。

（2）焊缝接头。焊缝接头连接的方法有直线无摆动焊缝连接方法和摆动焊缝连接方法两种。

①直线无摆动焊缝连接的方法，在原熔池前方 10～12mm 处引弧，然后迅速将电弧引向原熔池中心待溶化金属与原熔池边缘吻合填满弧后，在将电弧引向前方使焊丝保持一定的高度和角度，并以稳定的速度向前。

②摆动焊缝连接的方法，在原熔池前方 10～20mm 处引弧，然后以直线方式将电弧引向接头处在接头中心开始摆动，在向前移动的同时逐渐加大摆幅（保持形成的焊缝与原焊缝宽度相同）最后转入正常焊接。

（3）终焊端。焊缝终焊端若出现过深的弧坑会使焊缝收尾处产生裂纹和缩孔等缺陷，所以在收弧时如果焊机没有电流衰减装置，应采用多次断续引弧方式，或填充弧坑直至将弧坑填平，并且与母材圆滑过渡。

（4）焊枪的运动方法。采用右焊法、左焊法。

3. 摆动焊接

CO_2 半自动焊时为了获得较宽的焊缝，往往采用横向摆动雨丝方式，常用摆动方式有锯齿形、月牙形、正三角形、斜圆圈形等。

摆动焊接时，横向摆动运丝角度和起始端的运丝要领与直线无摆动焊接一样。

在横向摆动运丝时要注意：左右摆动幅度要一致，摆动到中间时速度应稍快，而到两侧时要稍作停顿，摆动的幅度不能过大，否则部分熔池不能得到良好的保护作用，一般摆动幅度限制在喷嘴内径的1.5倍范围内。运丝时以手腕做辅助，以手臂作为主要控制能和掌握运丝角度。

4. 注意事项

（1）CO_2 焊飞溅对焊接的有害影响。

①CO_2 焊时，飞溅增大会降低焊丝的熔敷系数，从而增加焊丝及电能的消耗，降低生产率，增加焊接成本。

②飞溅金属粘在导电嘴端面和喷嘴内壁上，会使送丝不畅而影响电弧稳定性，或者降低保护作用，容易使焊缝产生气孔，影响焊缝质量。并且飞溅金属粘在导电嘴喷嘴焊缝件焊件表面上，需待焊后进行清理，这就增加了焊接的辅助工时。

（2）CO_2 焊产生飞溅的原因及防止措施。

①由冶金反应引起的飞溅，这种飞溅主要由 CO_2 气体造成。焊接过程中，熔滴和熔池中的碳氧化成 CO，CO 在电弧高温作用下体积急速膨胀，压力迅速增大，使熔滴和熔池金属产生爆破，从而产生大量飞溅。减少这种飞溅的方法是采用含有锰、硅脱氧元素的焊丝，降低丝中含碳量。

②由斑点压力产生的飞溅，这种飞溅主要取决于焊接时的极性。当使用正极性焊接时（焊件接正极，焊丝接负极）正离子飞向焊丝端部的熔滴，机械冲击力大形成大颗粒飞溅。而反极性

焊接时，飞向焊丝端部的电子撞击力小，致使斑点压力大为减小因而飞溅较小。所以 CO_2 焊应选用直流反接。

③熔滴短路引起的飞溅，这种飞溅发生在短路过渡过程中，当焊接电源的动特性不好时（焊机的毛病）则显得更严重。当熔滴与熔池接触时，若短路电流增长速度过快，或者短路最大电流值过大时。会使缩颈处的液态金属发生爆破，产生较多的细颗粒飞溅；若短路电流增长速度过慢，则短路电流不能及时增大到要求的电流值，此时缩颈处就不能迅速断裂，使伸击导电嘴的焊丝在电阻热的长时间加热下，成较软化并办随着较多的颗粒飞溅，主要是通过调节焊接回路中的电感来调节短路电流增长速度。

④非轴向颗粒过渡造成的飞溅，这种飞溅是在颗粒过渡造成的飞溅，这种飞溅是在颗粒过渡时由于电弧的斥力作用而产生的，当熔滴在斑点压力和弧柱中气流压力的共同作用下，熔滴被推到焊丝端部的一边并抛到熔池外面去，产生大颗粒飞溅。

⑤焊接工艺参数选择不当引起的飞溅，这种飞溅是因焊接电流，电弧电压和回路电感，等焊接工艺参数选择不当引起的。如随着电弧电压的增加电弧拉长，熔滴长大，且在焊丝末端产生无规则摆动，致使飞溅增大，且在焊丝末端电流增大，熔滴体积变小，熔敷率增大，飞溅减少，因此，必须正确选择 CO_2 焊的焊接工艺参数，才会减少产生这种飞溅的可能性。

另外，还可以从焊接技术上采取措施，如果采用 CO_2 潜弧焊。该方法是采用较大的焊接电流，较小的电弧电压，把电弧压入熔池形成潜弧，使产生的飞溅落入熔池，从而使飞溅大大减少。这种方法熔深大效率高，现已广泛应用于厚板焊接。

七、CO₂ 气体保护焊机安全操作规程

1. 安全操作要求

（1）CO₂ 气体保护焊，焊工必须熟悉所用设备的结构性能和操作方法，并要具备基本的电气安全知识持证上岗。

（2）焊接前应检查气体是否开通，焊枪喷嘴要涂防飞溅剂，焊机处于所需的焊接状态下。

（3）减压表电源应接通，所用焊丝是否与送丝轮相匹配。

（4）开机前首先检查接线的正确性与可靠性，是否有可靠的接地，气体减压装置和流量计是否安装正确，气瓶是否放置在不受日光直射的场所等。

（5）焊接操作时人员必须佩戴好防护工具，以避免弧光或飞溅物的灼伤。焊接时应注意场地的通风，以免 CO₂ 气体含量过高造成缺氧。

（6）在焊接操作过程中如发现焊机有异常情况时，应马上停机并切断电源，进行检查和维修。

（7）焊机使用完毕后，应及时关闭电源，将焊线收起盘好，电焊机归位。并将其他设备如送丝盘等按有关规定收起放好。

2. 维护与保养

（1）焊机在投入使用前或经长期搁置重新使用前，应仔细检查有无损坏，检查焊机的绝缘电阻，对地绝缘电阻不得低于0.5 兆欧，如果绝缘电阻低于上述数值，应进行必要的干燥处理。

（2）如果设备在很长一段时间不使用，须将设备除尘，放置于通风干燥处，不得有雨水浸入的机会，周围介质温度不高于 +40℃，相对湿度不大于 85%，周围环境无有害工业气体，无腐蚀性气体和介质。

（3）未涂漆的黑色金属零件表面应涂以防锈油脂。

（4）电缆的连接部位和端子用绝缘带绝缘好。

（5）气瓶放置场所应避免阳光直射，避免瓶内压力过高造成安全隐患。

第三节 CO_2 气体保护焊操作实例

实例 1 低碳钢薄板 I 型坡口对接平焊

1. 工件焊施工接图（图 4 - 13）

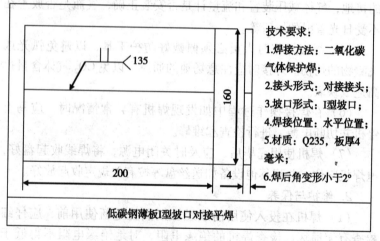

技术要求：

1.焊接方法：二氧化碳气体保护焊；

2.接头形式：对接接头；

3.坡口形式：I型坡口；

4.焊接位置：水平位置；

5.材质：Q235，板厚4毫米；

6.焊后角变形小于2°

低碳钢薄板I型坡口对接平焊

图 4 - 13 低碳钢薄板 I 型坡口对接平焊

2. 工艺分析

Q235 钢属于普通低碳钢，影响淬硬倾向的元素含量较少，根据碳当量估算，裂纹倾向不明显，焊接性良好，无需采取特殊工艺措施。试件厚度4mm，板厚较薄，易变形，焊接时采用小电流，定位焊间距不宜太大，定位焊点 10mm 左右。

3. 工作准备

（1）劳动保护。焊接前焊工必须穿戴好劳动防护用品，工作服要宽松，裤脚盖住鞋盖，上衣盖住下衣，不要扎在裤腰里，选用皮质帆布手套带防护眼镜，卫生防尘口罩。选用合适的护目玻璃色号，工作之后要洗手洗脸。牢记焊工操作时应遵循的安全操作规程，在作业中贯穿始终，工作场地必须配有吸尘装置，通风良好。

（2）试件材料。Q235 钢板，尺寸长 200mm 宽 80mm 厚 4mm 检查钢板平直度，并修复平整，为保证焊接质量在焊接区 30mm 内打除锈、磨干净，漏出金属光泽，避免产生气孔、裂纹等缺陷。

（3）焊接材料。根据母材型号，按照等强度原则选用规格 ER49-1，直径为 1.0mm 的焊丝，使用前检查焊丝是否损坏，除去污物杂锈保证其表面光滑。

（4）焊接设备。选用 NBC-350 型焊机，配备送丝机构、焊枪、气体流量表、CO_2 气瓶。检查设备状态，电缆线接头是否接触良好，焊钳电缆是否松动，避免因接触不良造成电阻增大而发热，烧毁焊接设备。检查接地线是否断开，避免因设备漏电造成人身安全隐患。检查设备气路、电路是否接通。清理喷嘴内壁飞溅物，使其干净光滑，以免保护气体通过受阻。

（5）辅助器具。焊工操作作业区附近应准备好焊帽、手锤、扁铲、清渣锤、锉刀、钢丝刷、砂纸、钢直尺、钢角尺、水平尺、活动扳手、直磨机、角磨机、钢丝钳、钢锯条、钢丝刷、焊缝万能量规等辅助工具和量具。

4. 焊接参数

焊接参数，见表 4-1。

表 4-1　焊接参数

焊接层次	焊丝直径	电流	电压	CO_2 纯度	气体流量	焊丝伸出长度
1	1.0mm	100~120	18~20	>99.5%	15L/min	8~10

5. 实施焊接

（1）装配与定位焊。焊接操作中装配与定位焊很重要。施焊前检查气瓶是否漏气、气体流量表是否损坏、焊枪焊嘴是否有堵塞现象，将两块矫平除锈后的试件放在焊接平台上，调整两板间距2mm，左手握焊帽，右手握焊枪，焊嘴对准试件右端，距试件高度5～8mm，引燃电弧开始施焊，施焊长度10cm左右，左端与右端一致。如图4－14所示。

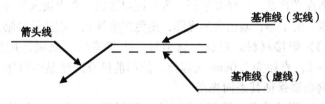

图4－14　装配与定位焊

（2）焊接。施焊时清理焊嘴，通常采用左焊法，由点焊处开始，焊接过程中要保持焊枪适当的倾斜和枪嘴高度，调整焊丝伸出长度10～12mm，气体流量15L/min，焊枪工作角90°，前进角80°～85°，使焊枪尽可能的匀速运动，由于板薄间隙小无需摆动，焊接时必须根据焊接实际效果判断焊接工艺参数是否合适。看清熔池情况、电弧稳定性、飞溅大小及焊缝成形的好坏来修正焊接工艺参数，直至满意为止。焊接结束前必须收弧，若收弧不当容易产生弧坑并出现裂纹、气孔等缺陷（图4－15）。

实例2　低碳钢薄板Ⅰ型坡口对接立焊

1. 工件焊施工接图（图4－16）
2. 工艺分析

Q235钢属于普通低碳钢，影响淬硬倾向的元素含量较少，根据碳当量估算，裂纹倾向不明显，焊接性良好，无需采取特殊工艺措施。试件厚度4mm，板厚较薄，易变形，焊接时采用小电

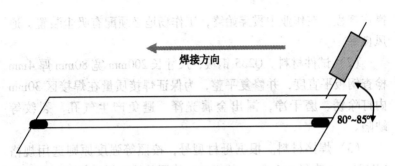

图 4 – 15　焊接

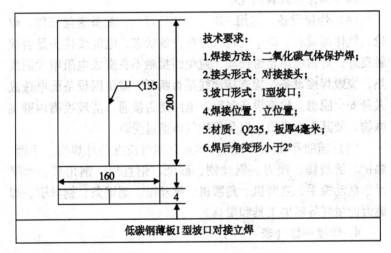

技术要求：
1.焊接方法：二氧化碳气体保护焊；
2.接头形式：对接接头；
3.坡口形式：I型坡口；
4.焊接位置：立位置；
5.材质：Q235，板厚4毫米；
6.焊后角变形小于2°

低碳钢薄板I型坡口对接立焊

图 4 – 16　工件焊施工接

流，定位焊间距不宜太大，定位焊点 10mm 左右。

3.工作准备

（1）劳动保护。焊接前焊工必须穿戴好劳动防护用品，工作服要宽松，裤脚盖住鞋盖，上衣盖住下衣，不要扎在裤腰里，选用皮质帆布手套带防护眼镜，卫生防尘口罩。选用合适的护目玻璃色号，工作之后要洗手洗脸。牢记焊工操作时应遵循的安全操作规程，在作业中贯穿始终，工作场地必须配有吸尘装置，通风良好。

（2）试件材料。Q235 钢板，尺寸长 200mm 宽 80mm 厚 4mm 检查钢板平直度，并修复平整，为保证焊接质量在焊接区 30mm 内打除锈、磨干净，漏出金属光泽，避免产生气孔、裂纹等缺陷。

（3）焊接材料。根据母材型号，按照等强度原则选用规格 ER49 - 1，直径为 1.0mm 的焊丝，使用前检查焊丝是否损坏，除去污物杂锈保证其表面光滑。

（4）焊接设备。选用 NBC - 350 型焊机，配备送丝机构、焊枪、气体流量表、CO_2 气瓶。检查设备状态，电缆线接头是否接触良好，焊钳电缆是否松动，避免因接触不良造成电阻增大而发热，烧毁焊接设备。检查接地线是否断开，避免因设备漏电造成人身安全隐患。检查设备气路、电路是否接通。清理喷嘴内壁飞溅物，使其干净光滑，以免保护气体通过受阻。

（5）辅助器具。焊工操作作业区附近应准备好焊帽、手锤、扁铲、清渣锤、锉刀、钢丝刷、砂纸、钢直尺、钢角尺、水平尺、活动扳手、直磨机、角磨机、钢丝钳、钢锯条、钢丝刷、焊缝万能量规等辅助工具和量具。

4. 焊接参数（表 4 -2）

表 4 -2　焊接参数

焊接层次	焊丝直径	电流	电压	CO_2 纯度	气体流量	焊丝伸出长度
1	1.0mm	100 ~ 120	18 ~ 20	>99.5%	15L/min	8 ~ 10

5. 实施焊接

（1）装配与定位焊。焊接操作中装配与定位焊很重要。施焊前检查气瓶是否漏气、气体流量表是否损坏、焊枪焊嘴是否有堵塞现象，将两块矫平除锈后的试件放在焊接平台上，调整两板间距2mm，左手握焊帽，右手握焊枪，焊嘴对准试件右端，距试件高度5～8mm，引燃电弧开始施焊，施焊长度10cm左右，左端与右端一致。如图4－17所示。

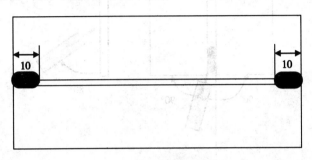

图4－17 装配与定位焊

（2）焊接。施焊时清理焊嘴，将点固好的母材垂直固定在焊接工作台上，由点焊处开始，焊接过程中要保持焊枪的角度和枪嘴高度，调整焊丝伸出长度约10～12mm，气体流量15L/min，焊枪工作角90°，前进角80°，使焊枪尽可能的匀速运动，由于板薄间隙小无需摆动，但要注意观察两端母材的熔合情况，焊接时必须根据焊接实际效果判断焊接工艺参数是否合适。看清熔池情况、电弧稳定性、飞溅大小及焊缝成形的好坏来修正焊接工艺参数，直至满意为止。焊接结束前必须收弧，若收弧不当容易产生弧坑并出现裂纹、气孔等缺陷（图4－18）。

实例3 低碳钢薄板I型坡口对接横焊

1. 焊施工接图（图4－19）

2. 工艺分析

Q235钢属于普通低碳钢，影响淬硬倾向的元素含量较少，根据碳当量估算，裂纹倾向不明显，焊接性良好，无需采取特殊

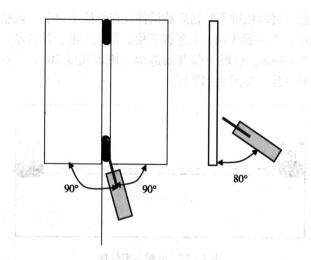

图 4 – 18

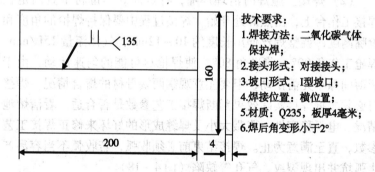

技术要求：
1.焊接方法：二氧化碳气体
　保护焊；
2.接头形式：对接接头；
3.坡口形式：I型坡口；
4.焊接位置：横位置；
5.材质：Q235，板厚4毫米；
6.焊后角变形小于2°

图 4 – 19　低碳钢薄板 I 型坡口对接横焊

工艺措施。试件厚度4mm，板厚较薄，易变形，焊接时采用小电流，定位焊间距不宜太大，定位焊点10mm左右。

3. 工作准备

（1）劳动保护。焊接前焊工必须穿戴好劳动防护用品，工作服要宽松，裤脚盖住鞋盖，上衣盖住下衣，不要扎在裤腰里，选用皮质帆布手套带防护眼镜，卫生防尘口罩。选用合适的护目玻璃色号，工作之后要洗手洗脸。牢记焊工操作时应遵循的安全操作规程，在作业中贯穿始终，工作场地必须配有吸尘装置，通风良好。

（2）试件材料。Q235钢板，尺寸长200mm宽80mm厚4mm检查钢板平直度，并修复平整，为保证焊接质量在焊接区30mm内打除锈、磨干净，漏出金属光泽，避免产生气孔、裂纹等缺陷。

（3）焊接材料。根据母材型号，按照等强度原则选用规格ER49-1，直径为1.0mm的焊丝，使用前检查焊丝是否损坏，除去污物杂锈保证其表面光滑。

（4）焊接设备。选用NBC-350型焊机，配备送丝机构、焊枪、气体流量表、CO_2气瓶。检查设备状态，电缆线接头是否接触良好，焊钳电缆是否松动，避免因接触不良造成电阻增大而发热，烧毁焊接设备。检查接地线是否断开，避免因设备漏电造成人身安全隐患。检查设备气路、电路是否接通。清理喷嘴内壁飞溅物，使其干净光滑，以免保护气体通过受阻。

（5）辅助器具。焊工操作作业区附近应准备好焊帽、手锤、扁铲、清渣锤、锉刀、钢丝刷、砂纸、钢直尺、钢角尺、水平尺、活动扳手、直磨机、角磨机、钢丝钳、钢锯条、钢丝刷、焊缝万能量规等辅助工具和量具。

4. 焊接参数（表4-3）

表4-3　焊接参数

焊接层次	焊丝直径	电流	电压	CO_2纯度	气体流量	焊丝伸出长度
1	1.0mm	100~120	18~20	>99.5%	15L/min	8~10

5. 实施焊接

（1）装配与定位焊。焊接操作中装配与定位焊很重要。施焊前检查气瓶是否漏气、气体流量表是否损坏、焊枪焊嘴是否有堵塞现象，将两块矫平除锈后的试件放在焊接平台上，调整两板间距2mm，左手握焊帽，右手握焊枪，焊嘴对准试件右端，距试件高度5～8mm，引燃电弧开始施焊，施焊长度10cm左右，左端与右端一致。如图4-20所示。

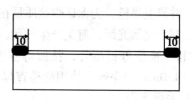

图4-20　装配与定位焊

（2）焊接。施焊时清理焊嘴，通常采用左焊法，由点焊处开始，焊接过程中要保持焊枪适当的倾斜和枪嘴高度，调整焊丝伸出长度约10～12mm，气体流量15L/min，焊枪工作角85°，前进角80°～85°，使焊枪尽可能的匀速运动，由于板薄间隙小无需摆动，但要注意观察焊缝两侧的熔合情况，焊接时必须根据焊接实际效果判断焊接工艺参数是否合适。看清熔池情况、电弧稳定性、飞溅大小及焊缝成形的好坏来修正焊接工艺参数，直至满意为止。焊接结束前必须收弧，填满弧坑若收弧不当容易产生弧坑并出现裂纹、气孔等缺陷（图4-21）。

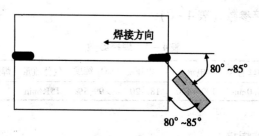

图4-21　焊接

第四节　熔化极惰性气体保护焊和熔化极混合气体保护焊

一、熔化极惰性气体保护焊

1. 熔化极惰性气体保护焊的特点

熔化极惰性气体保护焊是以连续送进的焊丝作为熔化电极，采用惰性气体作为保护气体的电弧焊方法，简称 MIG 焊。MIG 属于熔化极气体保护焊，与 CO_2 气体保护焊相比，具有以下的优点：MIG 焊是以惰性气体保护或以富氩气体保护的弧焊方法。而 CO_2 保护焊却具有强烈的氧化性。这就决定了二者的区别和特点。

（1）MIG 焊的主要优点如下。

①在氩或富氩气体保护下的焊接电弧稳定。

②由于 MIG 焊熔滴过渡均匀和稳定，所以，焊缝成形均匀、美观。

③电弧气氛的氧化性很弱，甚至无氧化性，MIG 焊不但可以焊接碳钢、高合金钢，而且还可以焊接许多活泼金属及其合金，如铝及铝合金、镁及镁合金等。

④大大地提高了焊接工艺性和焊接效率。

（2）MIG 焊的主要缺点如下。

①熔化极气体保护焊比手工电弧焊的焊接设备更复杂、价格高，并且使用时不轻便、灵活。

②熔化极气体保护焊焊枪较大，焊接缆线比较僵硬、不灵活，因此，不适合焊接密封舱体结构。

③熔化极气体保护焊焊枪的尺寸较大，并且焊丝伸出长度为 $12 \sim 25mm$，不易观察焊接电弧和得到高质量的焊缝。

④采用熔化极气体保护焊进行室外焊接时，常常受到天气或防护措施的限制。为了避免焊接时保护气体发生爆炸，应对保护气体气瓶采取防护措施。当室外风速超过 2.2m/s 时，不易采用熔化极气体保护焊进行焊接。

2. 熔化极惰性气体保护焊焊接材料

（1）保护气体。熔化极惰性气体保护焊保护气体主要有 Ar、Ar + He、He、N_2 及 Ar + H_2。各种气体的适用范围及其特点，如表 4 -4 所示。

表 4 -4　不同材料焊接时的保护气体及其适用范围

被焊材料	保护气体	混合比	附注
铝及铝合金	Ar		直流反接有阴极破碎作用
	Ar + He	26% ~ 90% He	电弧温度高。适于焊接厚铝板，可增加熔深，减少气孔。随着 He 的比例增大，有一定飞溅
钛、锆及其合金	Ar		
	Ar + He	Ar/He　75/25	可增加热输入。适于射流电弧、脉冲电弧及短路电弧
铜及其合金	Ar		板厚大于 5 ~ 6mm 时需预热
	Ar + He	Ar/He　50/50 或 30/70	输入热量比纯 Ar 大可以减小预热温度
	N2		增大了输入热量，可降低或取消预热温度，但有飞溅及烟雾
	Ar + N2	Ar/N2　80/20	输入热量比纯 Ar 大，但有一定的飞溅
不锈钢及高强度钢	Ar		焊接薄板
镍基合金	Ar		对于射流、脉冲及短路电弧均适用，是焊接镍基合金的主要气体
	Ar + He	加 15% ~ 20% He	增加热量输入
	Ar + H2	H2 6%	加 H_2 有利于抑制 CO 气孔

（2）焊丝。MIG 焊丝化学成分通常应和母材的成分相近，

但有些情况下，为了满意地进行焊接并获得满意的焊缝金属性能，需要采用与母材成分完全不同的焊丝，如焊接高强度铝合金和合金钢的焊丝在成分上通常完全不同于母材，其原因在于某些合金在焊缝金属中将产生不利于冶金反应，从而产生缺陷或显著降低焊缝金属性能。

焊丝直径一般在 0.8 ~ 2.5mm。焊丝直径越小，焊丝的表面积与体积的比值越大，杂质相对较多，可能引起气孔、裂纹等缺陷。因此，焊丝使用前必须经过严格的清理。

3. 熔化极惰性气体保护焊采用的电源极性

通常 MIG 焊应采用直流电源。因为，交流电源将破坏电弧稳定性，在电流过零时，电弧难以再引燃。直流焊接时，电流极性有两种接法，直流正极性接法和直流反极性接法。直流正极性接法是指电极为阴极和工件为阳极；直流反极性接法则恰好相反。MIG 焊多采用直流反极性。主要原因如下。

(1) 电弧稳定。因阳极斑点牢固地出现在焊丝端头，使得电弧不发生飘移。相反，采用直流正极性接法时，焊丝为阴极，因阴极斑点总是寻找氧化膜，所以，阴极斑点不断地沿焊丝上、下飘移，移动最大可以达到 20 ~ 30mm，从而破坏了电弧的稳定性。

(2) 在焊缝附近产生阴极破碎作用。因工件为阴极，所以，在焊缝附近的金属氧化膜能被阴极破碎作用而去除。这正适合于焊接铝、镁及其合金。

(3) 焊缝成形美观。焊缝表面平坦、均匀而熔深为指状。相反，直流正极性时，由于焊丝熔化速度大大加快，使得焊缝的余高增大。

4. 熔化极惰性气体保护焊焊接工艺

(1) 焊前准备。焊前准备主要有设备检查、焊件坡口的准备、焊件和焊丝表面的清理以及焊件组装等。焊前表面清理工作是焊前准备工艺的重点。

①化学清理：化学清理方式随材质不同而异。例如铝及其合金焊前先进行脱脂去油清理，然后用 NaOH 溶液进行脱氧处理，再用 HNO_3 溶液酸洗光化，其清理工序可参见有关手册。

②机械清理：机械清理有打磨、刮削和喷砂等，用以清理焊件表面的氧化膜。对于不锈钢或高温合金焊件，常用砂纸磨或抛光法；对于铝合金，用细钢丝轮、钢丝刷或刮刀。机械清理方法生产率较低。

（2）工艺参数。MIG 焊的主要焊接工艺参数是：焊丝直径、焊接电流、电弧电压、焊接速度、喷嘴直径、氩气流量等。

喷嘴孔径为 20mm 左右，氩气流量约在 30～60L/min 范围内。电流种类和极性，则采用直流反接，有利于电弧稳定，并充分发挥"阴极破碎"作用。

MIG 焊可以进行半自动焊接或自动化的焊接，其应用范围较广。

二、熔化极混合气体保护焊

熔化极混合气体保护焊是采用在惰性气体中加入一定量的氧化性气体（活性气体）如 $Ar + CO_2$、$Ar + O_2$、$Ar + CO_2 + O_2$ 等，作为保护气体的一种熔化极气体保护电弧焊方法，简称 MAG 焊。可采用短路过渡、喷射过渡和脉冲喷射过渡进行焊接，可用于点焊、立焊、横焊和仰焊以及全位置焊等。尤其适用于碳钢、合金钢和不锈钢等黑色金属材料的焊接。

1. MAG 焊的特点

熔化极混合气体保护焊可采用短路过渡、喷射过渡和脉冲喷射过渡进行焊接，且能获得稳定的焊接工艺性能和良好的焊接接头，适用于平焊、立焊、横焊和仰焊以及全位置焊等，尤其适用于碳钢、合金钢和不锈钢等黑色金属材的焊接。尤其结合脉冲电源后，焊接电源的输出电流以一定的频率和幅值变化来控制熔滴有节奏地过渡到熔池；可在平均电流小于临界电流值的条件下获得射流（射滴）过渡，稳定地实现一个脉冲过渡一个（或多个）熔滴的理想状态—熔滴过渡无飞溅。并具有较宽的电流调节范围，适合板厚 $\delta \geqslant 1.0\text{mm}$ 工件的全位置焊接，尤其对那些热敏感性较强的材料，可有效地控制热输入量，改善接头性能。由于脉冲电弧具有较强的熔池搅拌作用，可以改变熔池冶金性能，有利于消除气孔，未熔合等焊接缺陷。脉冲条件下减少层间打磨时间焊缝成形美观。

2. 氧化性混合气体作为保护气体的作用

（1）提高熔滴过渡的稳定性。钢中的 C 在焊接过程中与 O_2 或 CO_2 反应生成较大量的 CO，促使液体表现活泼地运动，这种运动也将促使电弧空间在较大的长度时方形成短路金属液柱，因此，更容易使短路状态破坏立即转变为燃弧，因此，对短路过渡电弧的稳定有利。同时，加入氧化性气体后，有利于金属熔滴的细化，降低了射流过渡的临界电流。

（2）稳定阴极斑点，提高电弧燃烧的稳定性。用纯 Ar 来焊接不锈钢、碳钢等金属时，电弧阴极斑点不稳定，产生所谓阴极飘移现象，加入 O_2 或 CO_2 后阴极飘移现象可被消除。

（3）改善焊缝熔深形状及外观成形，消除焊接缺陷。用纯 Ar 焊接不锈钢、低碳钢及低合金钢时，液体金属的黏度及表面张力较大，易产生气孔。焊缝金属润湿性差，焊缝两侧容易形成咬肉等缺陷。由于阴极飘移现象，电弧根部不稳定，会引起焊缝熔深及焊缝成形不规则。另外，纯 Ar 做保护气体时，焊缝形状为蘑菇形（亦称指形），这种熔深的根部往往容易产生气孔，对接焊时还容造成焊缝根部熔透不足的缺陷，采用氧化性气体，上述问题都能得到解决。

（4）增大电弧热功率。在 Ar 中加入 CO_2 和 O_2 后，加剧了电弧区的氧化反应，氧化反应放出的这部分热量，可以使母材这部分熔深增加，焊丝的溶化系数提高。CO_2 气体在电弧中心分解对电弧有冷却作用，使电弧放电温度提高。另外，在弧柱高温区分解时吸收了一定的热量在电弧的斑点附近时，又重新释放出来。这种物理化学过程，对焊接熔池和焊丝起着一种增大输入热量的作用。因而提高了电弧的热功率，从而增加了母材的熔深和焊丝的熔化速度。

（5）降低焊接成本。

3. 常用氧化性气体及其适用的焊接材料

（1）$Ar + CO_2$。$Ar + CO_2$ 混合气体分两种类型。一种为 $Ar + CO_2 1\% \sim 5\%$，用于焊接不锈钢等高合金钢及级别较高的高强度钢；另一种为 $Ar + CO_2 20\%$，用于焊接低碳钢及低合金结构钢。焊接不锈钢时，O_2 的含量不应超过 2%，否则，焊缝表面氧化严重，接头质量下降。$Ar + 20\% O_2$ 焊接碳素钢和低合金结构钢时，抗氮气孔性能比 $Ar + 20\% CO_2$ 及纯 CO_2 好，焊缝缺口韧性较 $Ar + CO_2$ 气体焊接的焊缝稍有提高。

（2）$Ar + CO_2$。常用的配比为 $Ar + CO_2 20\% \sim 30\%$，用来焊接低碳钢和低合金钢。用 $Ar + CO_2$ 混合气体焊接不锈钢时，CO_2 的比例不能通过 5%。否则，焊缝金属有增碳的可能，从而降低接头的抗腐蚀性能。

（3）$Ar + CO_2 + O_2$。据试验，$80\% Ar + 15\% CO_2 + 5\% O_2$ 对于焊接低碳钢、低合金钢是最佳的。无论焊缝成形，接头质量以及金属熔滴过渡和电弧稳定性方面都非常满意。其焊缝断面比较理想，熔深呈三角形焊接不锈钢及高强钢的常用气体为 $Ar + CO_2 25\% + O_2\%$，但焊缝有增碳现象。

常用氧化性混合气体的特点及应用范围，如表 4 – 5 所示。

表4-5 常用氧化性混合气体的特点及应用范围

被焊材料	保护气体	特点和应用范围
碳钢及低合金钢	Ar + O₂（1% ~5%） Ar + O₂（20%）	采用射流过渡，使熔滴细化，降低了射流过渡的临界电流值，提高了熔池的氧化性，提高抗 N₂ 气孔的能力，降低焊缝含 H₂ 量、含 O₂ 量及夹杂物，提高焊缝的塑性及抗冷裂的能力。用于焊缝要求较高的场合
	Ar + CO₂ （20% ~30%）	可采用各种过渡形式，飞溅小，电弧稳定，焊缝成型好，有一定的氧化性，克服了单一 Ar 保护时阴极漂移及金属黏稠的现象，改善蘑菇形熔深，焊缝力学性能优于纯 Ar 保护
	Ar + CO₂（15%）+ O₂（5%）	可采用各种过渡形式可采用各种过渡形式，飞溅小，电弧稳定，焊缝成型好，有较好的焊接质量，焊缝断面形状及熔深理想。是焊接碳钢及低合金钢的最佳混合气体
不锈钢及 高强度钢	Ar + O₂（1% ~2%）	提高熔池的氧化性，降低焊缝金属含氢量，增大熔深，成型好，液体金属黏度及表面张力有所降低，不易产生气孔及咬边，克服阴极漂移现象
	Ar + CO₂（5%）+ O₂（·%）	提高了氧化性，熔深大，焊缝成型较好，但焊缝可能有少量增碳
铝极其合金	Ar + CO₂（2%）	可简化焊前清理工作，电弧稳定，飞溅小抗气孔能力强，焊缝力学性能较高

复习题

一、判断题（对画√，错画×）

1. 焊接弧光是由紫外线和红外线组成的。（   ）

2. 焊接弧光中的紫外线可以对人的眼睛造成伤害，会引起白内障。（   ）

3. 用酸性焊条焊接时，药皮中的氟石在高温下会产生有毒气体氟化氢。（   ）

4. 焊工尘肺，是指焊工长期吸入超过规定浓度的烟尘与粉尘，所引起的肺组织纤维化的病症。（   ）

5. 焊工应穿深色的工作服，因为深色工作服容易吸收焊接弧光。（   ）

6. 为了方便工作，焊工工作服的上衣扎入裤子内。（   ）

7. 焊工戴耳罩时，不要使耳罩软垫圈与周围皮肤贴合。（   ）

8. 焊工工作服一般用合成纤维物制成的。（   ）

9. 在有易燃易爆物品场合下焊接时，焊工为了防止在工作现场滑倒，鞋底必须有铁钉。（   ）

10. 焊接场地应该符合安全要求，否则，会造成火灾、爆炸、触电等事故的发生。（   ）

11. 夹紧工具是用来扩大或撑紧装配件用的一种工具。（   ）

12. 焊工面罩能够防止焊接飞溅、弧光及其他辐射对焊工面部伤害工具。（   ）

13. 为了看清刀开关的动作，焊工在推拉电源刀开关时要面对闸刀开关。（　）

14. 焊机的安装、检查应由电工进行，而焊机的修理可以由焊工自己进行。（　）

15. 由于焊机空载电压低，焊工在更换焊条时，可以不戴手套。（　）

16. 焊条电弧焊施焊前，应检查设备绝缘可靠性、接线正确性、接地可靠性、电流调整的可靠性等。（　）

17. 管子水平固定位置焊接时，有仰焊、立焊、平焊等位置，所以焊条的角度应随着焊接位置的变化而改变。（　）

18. 锅炉是一种生产蒸汽或热水的热能设备。（　）

19. 锅炉的出力、压力和温度是锅炉在工作时的基本特性的数据。（　）

20. 锥形容器受力状态不好，所以一般很少应用。（　）

21. 在压力容器中，封头与筒体连接时，可以用球形、椭圆形封头或平盖。（　）

22. 由于在压力容器上开孔，筒体强度将被削弱，同时还影响容器的疲劳寿命。（　）

23. 要求在焊后进行热处理的容器，应在热处理后进行焊接返修。（　）

24. 焊接工艺评定是保证压力容器焊接质量的重要措施。（　）

25. 在压力容器上焊接临时吊耳和拉筋的垫板被割除后，留下的焊疤必须打磨平滑。（　）

26. 通常，重要的锅炉压力容器和压力管道焊后才作水压试验。（　）

27. 锅炉压力容器作水压试验时，当压力达到试验压力后，要恒压一段时间，观察是否有落压现象，没有落压现象则容器为

合格。（　）

28. 锅炉压力容器进行水压试验时，应一次升压到试验压力，停留一段时间后，检查有无异常现象。（　）

29. 水压试验应在无损检测前进行。（　）

30. 若需要作热处理的容器，则应在热处理前进行水压试验。（　）

31. 荧光探伤是一种利用紫外线照射某些荧光物质，使其产生荧光的特性来检查表面缺陷的办法。（　）

32. 着色探伤是用来发现各种材料焊接接头，特别是非磁性材料的各种内部缺陷。（　）

33. 多层高压容器焊接时，产生蝌蚪状气孔的原因主要是层板间有油、锈等杂物。（　）

34. 焊接接头的弯曲试验，是用以检验接头拉伸面上的塑性及显示缺陷。（　）

35. 焊接接头的弯曲试样，按弯曲试样受拉面在焊缝中的位置，可分为正弯、背弯和侧弯。（　）

36. 焊接接头的弯曲试样，受拉伸面为焊缝背面的弯曲称为正弯试样。（　）

37. 双面不对称焊缝，正弯试样的受拉面为焊缝的最大宽度面。（　）

38. 双面对称焊缝，正弯试样的受拉面为焊缝的后焊的面。（　）

39. 制备弯曲试样时，横弯试样应平行焊缝轴线截取。（　）

40. 制备弯曲试样时，纵弯试样应平行焊缝轴线截取。（　）

41. 焊接接头弯曲试验结果的合格标准按钢种而定。（　）

42. 焊接接头的冲击试验目的，是用以测定焊接接头各区域的冲击吸收功。（　）

43. 焊接接头的冲击试验的缺口，只能开在焊缝上。（　）

44. 焊接接头常温的冲击试验合格标准为：每个部位的 3 个试样冲击吸收功的算数平均值，不应低于母材标准规定的最高值。（　　）

45. 焊接接头的硬度试验是用以测定焊接接头的洛氏、布氏、维氏硬度。（　　）

46. 焊接接头的硬度试验的样坯，应在垂直于焊缝方向的相应区段截取，截取的样坯包括焊接接头的所有区域。（　　）

47. 斜 Y 形坡口对接裂纹试验又称小铁研法。（　　）

48. 斜 Y 形坡口对接裂纹试验的试样上，有试验焊缝和拘束焊缝。（　　）

49. 斜 Y 形坡口对接裂纹试样的拘束焊缝采用单面焊。（　　）

50. 斜 Y 形坡口对接裂纹试验焊接试验焊缝，试验所用焊条原则上采用与试验钢材相匹配的焊条。（　　）

51. 斜 Y 形坡口对接裂纹试验的试验焊缝，应根据板厚确定焊接道数。（　　）

52. 斜 Y 形坡口对接裂纹试验，焊完的试件应立即用气割方法切取试样进行检查。（　　）

53. 焊接接头的拉伸试验是，用以测定焊接接头的屈服点。（　　）

54. 焊接接头拉伸试验用样坯，应从焊接试件上平行于焊缝轴线方向截取。（　　）

55. 焊接接头拉伸试验用的试样，应保留焊后原始状态，不应加工掉焊缝余高。（　　）

二、单项选择题（将正确答案的序号填入括号内）

1. 焊接弧光中的红外线，可以伤害人的眼睛，会引起（　　）。

A. 畏光　B. 眼睛流泪　C. 白内障　D. 电光性眼炎

2. 国家标准规定，企业工作噪声不应超过（　　）。

A. 50dB　B. 85dB　C. 100dB　D. 120dB

3. 焊接场地应保持必要的通道，车辆的通道宽度不小于（　　）。

A. 1m　B. 2m　C. 3m　D. 5m

4. 焊接场地应保持必要的通道，人行的通道宽度不小于（　　）。

A. 1m　B. 1.5m　C. 3m　D. 5m

5. 焊工的作业面积一般不应小于（　　）。

A. 2m^2　B. 4m^2　C. 6m^2　D. 8m^2

6. 焊工工作场地要有良好的采光或局部照明，以保证工作面照明度达到（　　）。

A. 30 ~ 50lx　B. 50 ~ 100lx　C. 100 ~ 150lx　D. 150 ~ 200lx

7. 焊割场地周围（　　）范围内，各类易燃、易爆品清理干净。

A. 3m　B. 5m　C. 10m　D. 15m

8. 用于紧固装配零件的是（　　）。

A. 夹紧工具　B. 压紧工具　C. 拉紧工具　D. 撑具

9. 扩大或撑紧装配件用的工具是（　　）。

A. 夹紧工具　B. 压紧工具　C. 拉紧工具　D. 撑具

10. 将所装配零件的边缘拉到规定尺寸的工具应该是（　　）。

A. 夹紧工具　B. 压紧工具　C. 拉紧工具　D. 撑具

11. 管子水平固定焊条电弧焊时，应该把管子分为（　　）半圆焊接。

A. 两个　B. 三个　C. 四个　D. 五个

12. 锅炉压力容器是生活和生产中广泛使用的（　　）的承压设备。

A. 固定式　B. 提供电力　C. 换热和储运　D. 有爆炸危险

13. 工作载荷、温度和介质是锅炉压力容器的（ ）。

A. 安装质量 B. 制造质量 C. 工作条件 D. 结构特点

14. 凡承受液体介质的（ ）设备，被称为压力容器。

A. 耐热 B. 耐磨 C. 耐腐蚀 D. 密封

15. 锅炉铭牌上标出的压力是锅炉（ ）。

A. 设计工作压力 B. 最高工作压力 C. 平均工作压力

D. 最低工作压力

16. 锅炉铭牌上标出的温度是锅炉输出介质的（ ）。

A. 设计工作温度 B. 最高工作温度 C. 平均工作温度

D. 最低工作温度

17. 设计压力为 $0.1\text{MPa} \leqslant p < 1.6\text{MPa}$ 的压力容器属于（ ）容器。

A. 低压 B. 中压 C. 高压 D. 超高压

18. 设计压力为 $1.6\text{MPa} \leqslant p < 10\text{MPa}$ 的压力容器属于（ ）容器。

A. 低压 B. 中压 C. 高压 D. 超高压

19. 设计压力为 $10\text{MPa} \leqslant p < 100\text{MPa}$ 的压力容器属于（ ）容器。

A. 低压 B. 中压 C. 高压 D. 超高压

20. 设计压力为 $P \geqslant 100\text{MPa}$ 的压力容器属于（ ）容器。

A. 低压 B. 中压 C. 高压 D. 超高压

21. 低温容器是指容器的工作温度等于或低于（ ）的容器。

A. $-10℃$ B. $-20℃$ C. $-30℃$ D. $-40℃$

22. 高温容器是指容器的操作温度高于（ ）的容器。

A. $-20℃$ B. $30℃$ C. $100℃$ D. 室温

23. （ ）容器受力均匀，在相同壁厚的条件下，承载能力最高。

A. 圆筒形　B. 锥形　C. 球形　D. 方形

24. 在压力容器中，筒体与封头等重要部件的连接均采用（　　）接头。

A. 对接　B. 角接　C. 搭接　D. T形

25. 用于焊接压力容器主要受元件的碳素钢和低合金钢，其碳的质量分数不应大于（　　）。

A. 0.08%　B. 0.10%　C. 0.20%　D. 0.25%

26. 焊接锅炉压力容器的焊工，必须进行考试并取得（　　）后，才能担任焊接工作。

A. 电气焊工安全操作证　B. 锅炉、压力容器焊工证　C. 中级焊工证　D. 高级焊工证

27. 压力容器相邻两筒节间的纵焊缝应错开，其焊缝中心线之间的外圆弧长，一般应大于筒体厚度的3倍，且不小于（　　）mm。

A. 80　B. 100　C. 120　D. 150

28. 压力容器同一部位的返修次数不宜超过（　　）次。

A. 1　B. 2　C. 3　D. 4

29. 在环境缝的溶合区，产生带尾巴、形状似蝌蚪的气孔，是（　　）容器环焊缝所持有的缺陷。

A. 低压　B. 中压　C. 超高压　D. 多层高压

30. 水压试验用的水温，低碳钢和Q345（16MnR）钢不低于（　　）℃。

A. −5　B. 5　C. 10　D. 15

三、多项选择题（将正确答案的序号填入括号内）

1. 焊接弧光中的紫外线可造成对人眼睛的伤害，引起（　　）。

A. 畏光　B. 眼睛剧痛　C. 白内障　D. 电光性眼炎　E. 眼

睛流泪　F. 沙眼

2. 气焊有色金属时，会产生（　）有毒气体。

A. 氟化氢　B. 锰　C. 铅　D. 锌　E. 铁　F. 硅

3. 长期接触噪声，可引起噪声性耳聋以及对（　）的伤害。

A. 呼吸系统　B. 神经系统　C. 消化系统

D. 血管系统　E. 视觉系统　F. 味觉系统

4. 焊条电弧焊用的焊钳的作用是（　）。

A. 夹持焊条　B. 夹持焊丝　C. 输送气体

D. 传导电流　E. 冷却焊条　F. 传导热量

5. 为（　）而采用的夹具称为焊接夹具。

A. 保证焊件尺寸　B. 提高焊接效率　C. 提高装配效率

D. 防止焊接变形　E. 防止焊接应力　F. 防止产生缺陷

6. 焊条电弧焊常用的装配夹具有（　）

A. 夹紧工具　B. 压紧工具　C. 拉紧工具

D. 回转工具　E. 焊接变位器　F. 撑具

7. （　）操作时，应在切断电源开关后才能进行。

A. 改变焊机接头　B. 改变二次线路　C. 调试焊接电流

D. 移动工作地点　E. 更换焊条　F. 检修焊机故障

8. 管子水平固定焊条电弧焊时，按时针顺序可采取由（　）的焊接方法。

A. 6 点→3 点→12 点　B. 6 点→9 点→12 点

C. 4 点→1 点→10 点　D. 4 点→7 点→10 点

E. 9 点→12 点→3 点　F. 9 点→6 点→3 点

9. 锅炉和压力容器都具有一般机械设备所不同的特点，这些特点是（　）。

A. 工作条件恶劣　B. 操作困难　C. 容易发生事故　D. 连续运行并广泛使用

E. 要求塑性好　F. 都在高温下工作

10. 锅炉和压力容器容易发生安全事故的原因是（　　）。

A. 使用条件比较苛刻　B. 操作困难　C. 容易超负荷　D. 局部区域受力复杂

E. 隐藏一些难以发现的缺陷　F. 都在高温下工作

11. 所有的固定式承压锅炉锅炉和压力为 0.1MPa 以上的各种压力容器的（　　）单位，都必须执行（锅炉压力容器安全监察暂行条例）。

A. 修理　B. 设计　C. 安装　D. 制造　E. 使用　F. 检验

12. 压力容器的主要工艺参数和设计参数有（　　）。

A. 设计压力　B. 工作压力　C. 最高工作压力　D. 工作温度

E. 最高工作温度　F. 最低工作温度

13. 对压力容器的制造性能主要要求有（　　）。

A. 强度　B. 塑性　C. 刚度　D. 耐久性　E. 耐磨性　F. 密封性

14. 用于制造压力容器广泛采用的材料是（　　）。

A. 碳素钢　B. 铸铁　C. 低合金高强度钢　D. 奥氏体不锈钢

E. 耐磨钢　F. 有色金属及合金

15. 对压力容器的焊接接头，要求其表面不得有（　　）。

A. 表面裂纹　B. 未焊透、未熔合　C. 表面气孔　D. 弧坑

E. 未焊满　F. 肉眼可见的夹渣

16. 压力容器焊接时，可能产生的缺陷主要有（　　）。

A. 未熔合　B. 夹渣　C. 气孔　D. 冷裂纹　E. 未焊透　F. 咬边

17. 水压试验是用来对锅炉压力容器和管道进行（　　）检查的。

A. 弯曲　B. 强度　C. 内部缺陷　D. 整体严密性　E. 刚度

F. 稳定性

18. 检查非磁性材料焊接接头表面缺陷的方法有（   ）。

A. X 射线探伤   B. 超声波探伤   C. 荧光探伤   D. 磁粉探伤

E. 着色探伤   F. 外观检查

19. 焊接接头的弯曲试验标准，规定了金属材料焊接接头的（   ），用以检验接头拉伸面上的塑性及显示缺陷。

A. 横向正弯试验   B. 横向侧弯试验   C. 横向背弯试验

D. 纵向正弯试验

E. 纵向背弯试验   F. 管材的压扁试验

20. 通过焊接性试验，可以用来（   ）。

A. 选择适合母材的焊接材料   B. 确定合适的焊接参数

C. 加大焊接接头的抗拉强度   D. 确定合适热处理工艺参数

E. 研制新的焊接材料   F. 考核焊工技术水平

四、计算题：

1. 丁字接头双面不开坡口角焊缝，焊脚高 K = 8mm，凸度 C = 1mm，母材 20g，焊条为 E5015。焊缝长度为 15.8m。问：16kg 焊条能否够用？

2. 一焊接试件，加工成宽 20mm、厚 10mm 的矩形，在万能材料试验机上做抗拉试验，当拉力 P = 105N 时焊缝断裂，问此焊件的抗拉强度是多少？

3. 某钢材在焊接过程中的热输入为 25KJ/cm，如果用焊条电弧焊焊接，选用电弧电压为 U = 25V，焊接速度 V = 0.15cm/s，求其焊接电流应选多少（η = 0.8）？

4. 焊条电弧焊时，焊缝成形系数 φ = 1.5，测得焊缝宽度为 5mm，求焊缝的计算厚度 H = ？

5. 某焊件的板厚为 10mm，对接焊缝长 10m，试求该焊件焊完后，其纵向收缩量△L 为多少？

五、简答题：

1. 化学性物质发生火灾、爆炸事故，需要同时具备哪三个条件才能发生？
2. 什么是置换动火补焊法？
3. 焊接操作注意事项。
4. 焊机的安全要求是什么？
5. 接头方法有哪些，各是什么作用？
6. 盖面层的焊接（断弧焊）的操作？
7. 焊缝的清理？
8. 梁、柱焊接变形产生原因？
9. 气割原理是什么？
10. 金属可气割的条件。

试题答案

一、判断题

1、×2、×3、×4、√5、×6、×7、×8、×9、×10、√11、×12、√13、×14、×15、×16、√17、√18、√19、√20、√21、×22、√23、×24、√25、√26、×27、√28、×29、×30、×31、√32、×33、√34、√35、√36、×37、√38、×39、×40、√41、√42、√43、×44、×45、√46、√47、√48、√49、×50、√51、×52、×53、×54、×55、×

二、单项选择题

1、C2、B3、C4、B5、B6、B7、C8、A9、D10、C11、A12、

D13、C14、D15、A16、B17、A18、B19、C20、D21、B22、
D23、C24、A25、D26、B27、B28、B29、D30、B

三、多项选择题

1、ABDE2、CD3、BD4、AD5、ACD6、ABCF7、ABDF8、
AB9、ACD、10、ACDE 11、ABCDEF12、ABCDEF 13、ACDF、
14、ACDF15、ABCDEF16、ABCDEF 17、BD18、CEF19、ABC-
DEF、20、ABDE

四、计算题

1. 解：两条角焊缝截面积

A =（K2/2 + KC）×2 =（82/2 + 8 ×1）×2 = 80mm² = 0.8cm²

焊缝长 l = 15.8m = 1 580cm

所需焊条重量

G =（Alρ/K0）×（1 + Kb）

   =（0.8 ×1 580 ×7.8/0.79）×（1 + 0.3）

   = 16 224g = 16.224kg

答：16kg 焊条不够用。

2. 解：由 σp = Pb/F0 进行计算

式中　σp——抗拉强度（MPa）

　　　　Pb——最大拉力值（N）

　　　　F0——试件截面积（mm）

所以：σp = 105/（20 ×10）= 500（N/mm²）= 500MPa

答：此焊缝抗拉强度为 350Mpa

3. 解：q = ηUI/V

　　　　I = qV/ηU = 25 ×103 ×0.15/0.8 ×25 = 187.5A

答：焊接电流应选 187.5A

4. 解：因为 φ = B/H

所以 H = B/φ = 5/1.5 = 3.3mm

答：焊缝计算厚度 H = 3.3mm。

5. 解：△L = 0.006 × l/δ

　　　　= 0.006 × 1 000/10 = 6mm

答：焊缝纵向收缩量为6mm。

五、简答题

1. 答：

（1）在化工燃料容器、管道中存在着可燃性物质。

（2）存在的可燃物质与空气形成爆炸性混合物，并且达到爆炸范围。

（3）在达到爆炸范围内的混合物中有火源存在。

2. 答：指在进行补焊动火前，将燃料容器、管道内的易燥物质，严格地用惰性气体置换出来。

3. 答：

（1）焊工操作时，不可正对着动火点，应避开裂纹处喷燃的火焰，以防烧伤。

（2）应该事先调好焊接电流，防止容器或管道补焊时，因焊接电流过大，在介质压力的作用下，会形成更大的熔孔而造成事故。

（3）当容器或管道内的压力急剧下降到无法保证正压运行或含氧量超过安全数值时，要立即熄灭裂纹处火焰，停止补焊作业，待查明原因，采取相应措施后再行补焊。

（4）当动火补焊作业点出现猛烈喷火时，要立即采取灭火措施，但在火焰熄灭前，不得切断燃气气源，要继续保持系统内足够稳定的压力，以防止容器或管道内，因吸入空气形成爆炸混合物而发生爆炸事故。

4. 答：

（1）焊机必须符合现有关焊机标准规定的安全要求。

（2）当焊机的空载电压高于现行有关焊机标准规定时，而又在有触电危险的场所作业时，焊机必须采用空载自动断电装置等防止触电的安全措施。

（3）焊机的工作环境应与焊机技术说明书上的规定相符。

（4）防止焊机受到碰撞或激烈振动（特别是整流式焊机），室外使用的焊机必须有防雨雪的防护措施。

（5）焊机必须有独立的专用电源开关。

（6）焊机的电源开关应装在焊机附近人手便于操作的地方，周围留有安全通道。

（7）采用启动器启动的焊机，必须先闭合电源开关，然后再启动焊机。

（8）焊机外露的带电部分应设有完好的防护（隔离）装置。其裸露的接线柱必须设有防护罩。

（9）焊机不允许超负荷运行，焊机运行时的温升不应超过焊机标准规定的温升限值。

（10）焊机应平稳放在通风良好、干燥的地方，不准靠近高热及易燃易爆危险的环境。

（11）禁止在焊机上放任何物品和工具，启动焊机前，焊钳和焊件不能短路。

（12）经常检查和保持焊机电缆与焊机接线柱接触良好，保持螺母紧固。

（13）工作完毕或临时离开工作场地时，必须及时切断焊机电源。

5. 答：有冷接和热接。

（1）冷接：换完新焊条后，把距弧坑 15～20mm 处斜坡上焊渣敲掉并清理干净，此时，弧坑已经冷却，在距弧坑 15～20mm 处斜坡上引弧，电弧引燃后将其引到弧坑处预热，当坡口根部有"出汗"的现象时，将电弧迅速下压直至听到"噗噗"的声音后，提起焊条继续向前施焊。

（2）热接：当弧坑还处在红热状态时，迅速在距弧坑 15 ~ 20mm 处的焊缝斜坡上引弧并焊至收弧处，这时弧坑温度已经很高，当看到有"出汗"的现象时，迅速将焊条向熔孔压下，听到"噗噗"的声音后，提起焊条向前正常焊接。

6. 答：盖面层焊接和中间填充层焊接相似。在焊接过程中，焊条应尽量与焊缝保持垂直角度，以便在焊接电弧的直吹作用下，使盖面层焊缝的熔深尽可能大些，与最后一层填充层焊缝能够熔合良好。由于盖面层焊缝是金属结构上最外表的一层焊缝，除了要求具有足够的强度、气密性外，还要求焊缝成形美观，鱼鳞纹整齐，使人看了不仅有安全感，还要有恰似艺术品美感的享受。

7. 答：焊完焊缝后，用敲渣锤清除焊渣，用钢丝刷进一步将焊渣、焊接飞溅等清理干净，焊缝处于原始状态，交付专职检验前不得对各种焊接缺陷进行修补。

8. 答：梁、柱焊接变形主要有弯曲变形和扭曲变形。产生梁、柱弯曲变形的原因是，当焊缝分布不在构件截面的中性轴上或不对称时，由于焊缝焊接后会产生纵向收缩或横向收缩，会产生弯曲变形，当焊接距离构件截面的中性轴越远，或不对称分布越严重，则造成的梁、柱焊接变形量越大。

9. 答：利用气体火焰的热能，将工件待切割处金属预热到燃烧温度（燃点），再向此处喷射高速切割氧流，使金属燃烧，生成金属氧化物（熔渣），同时放出热量，熔渣在高压切割氧的吹力下被吹掉。

10. 答：不是所有的金属都能用气割方法进行加工的，被气割的金属必须满足如下条件。

（1）金属能与氧发生激烈的燃烧反应并能放出足够的反应热，这种燃烧热不仅补偿了在气割过程中的热辐射损失，被气割

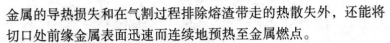

金属的导热损失和在气割过程排除熔渣带走的热散失外，还能将切口处前缘金属表面迅速而连续地预热至金属燃点。

（2）被气割金属的燃点要低于该金属的熔点，否则，被气割的金属还没有达到燃点前就已经熔化了，由气割变为熔化分割。

（3）被气割金属的氧化物（熔渣）熔点，要低于该金属的熔点。因为高熔点的熔渣，流动性不好，会黏附在切割面上，阻碍氧与金属之间持续进行氧化反应。

（4）金属的热导率不能过高，以免使预热火焰热、燃烧反应热迅速导热散失，影响气割过程的正常进行。